横浜みなとみらい21

横浜港側から見た〈みなとみらい21〉

横浜港
Port of Yokohama
(仮称)ハンマーヘッドパーク
Hammerhead Park (provisional name)
みなとみらい
ぷかりさん橋
Minato Mirai Pukari-sanbashi Pier
新港客船ターミナル
Shinko Passenger Terminal
横浜海上防災基地
Yokohama Marine Disaster
Prevention Complex
横浜港大さん橋
国際客船ターミナル
Yokohama International
Passenger Terminal
新港地区
Shinko District
カップヌードル
ミュージアムパーク
CUPNOODLES
MUSEUM PARK
赤レンガパーク
Aka-Renga Park
赤レンガ倉庫
Aka-Renga Soko
パシフィコ横浜
Pacifico Yokohama
Pacific Convention Plaza Yokohama
会議センター
Conference Center
新港サークルウォーク
Shinko Circle Walk
国際橋
Kokusai-bashi Bridge
新港中央広場
Shinko Central Plaza
象の鼻パーク
Zou-no-hana Park
新港橋
Shinko-bashi Bridge
新港町交番
Shinkocho Koban
運河パーク
Unga Park
万国橋
Bankoku-bashi Bridge
汽車道
Kishamichi
Promenade
神奈川県庁
Kanagawa
Prefectural Government
日本大通り駅(県庁・大さん橋)
Nihon-odori Station
(Kencho-Osambashi)
みなとみらい線
Minatomirai Line
日本丸メモリアルパーク
Nippon-maru Memorial Park
北仲通地区
Kitanaka-dori District
横浜みなと博物館
Yokohama Port Museum
馬車道駅
Bashamichi Station
北仲橋
Kitanaka-bashi Bridge
関内地区
Kannai District
横浜公園
Yokohama Park
動く歩道
Moving Walkway
横浜桜木郵便局
Yokohama Sakuragi
Post Office
桜木町駅
Sakuragicho Station
横浜スタジアム
Yokohama Stadium
大岡川
Ooka-gawa River
野毛ちかみち
Noge Chikamichi
Passageway
横浜市庁
Yokohama City Hall
桜木東戸塚線
Sakuragi-Higashi-Totsuka Route
JR根岸線
JR Negishi Line
関内駅
Kannai Station
Pedestrian Network
0 100 200 300 400 500 1000m
マスタープランはイメージ図であり、「地区計画」や「街づくり基本協定」等を正確に反映したものではありません。2014年3月 制作・発行

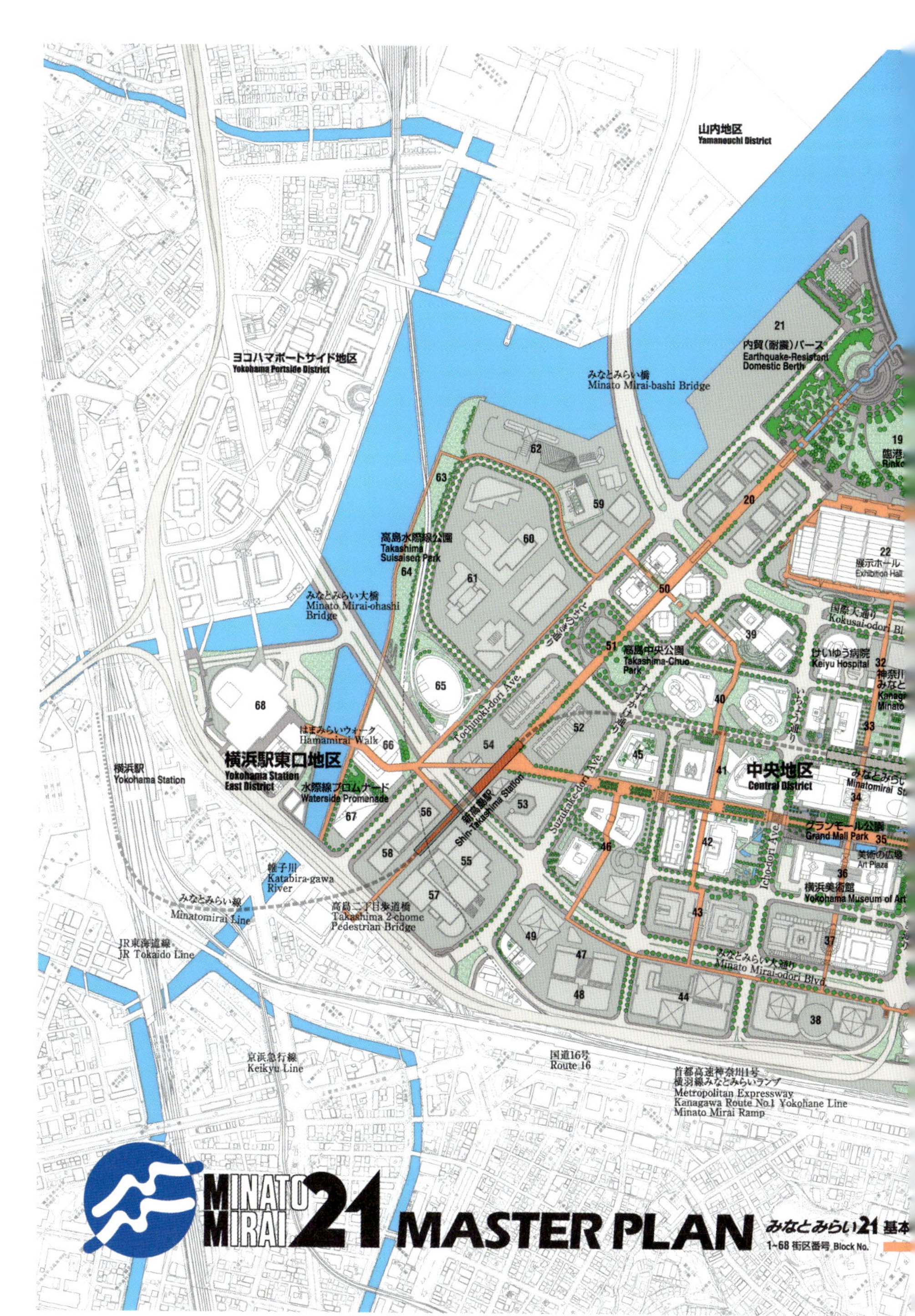

〈みなとみらい21〉マスタープラン（制作：マッチアンドカンパニー＋みなとみらい21）

〈みなとみらい21〉全景

グランモール公園（写真：フォワードストローク）

〈みなとみらい21〉夜景

グランモール公園夜景（写真：フォワードストローク）

グランモール公園の噴水(写真:フォワードストローク)

臨港パーク

日本丸メモリアルパーク

クイーンズスクエア横浜のステーションコア

赤レンガ倉庫とグランモール軸スカイライン

情熱都市YMM21（よこはまみなとみらい）

まちづくりの美学と力学

情熱都市YMM21編集委員会 編著

鹿島出版会

発刊にあたって

およそ、人が世において何事かなそうとするならば、その何事かの意義、何事かをなすにあたっての環境としての世の流れ、そして自己が持ち合わせる手立てを考えるであろう。何事かの実現に向け動き続ける中で、世の流れも変化し、手立ても変化する。また、その意義の再考を迫られるかもしれない。この取組みの姿勢は、対象がなんであれ普遍的なものと考えられる。

都市を計画し創り運営することも、この取組みの姿勢が基本となる。ただ、大きく異なるのは、個人でなくいくつもの組織の連携により、長い年月をかけて、都市を計画し創り運営されることである。このため、複数の組織で時代を超えて共有される概念は、より確かな制度化されたものとなり、都市計画制度や事業手法を中心として、都市を計画し創り運営することになりがちである。ともすれば、既存の制度や事業手法にのみ基づいて都市は思考され、都市のあるべき姿・コンセプトも固定化されることになる。

しかし、都市の課題や解決のための方法も限定されたものでない。人は、生きる時代も場所も持ち合わせる手立ても限られているが、認識は場所と時代を超えることができる。場所と時代を超えた認識により、課題を発見し、課題が必要とする手立てを創り出し、課題の実現を使命とする。このような取組みの姿勢について、本書では、田村明氏の論稿により「実践的都市計画」という言葉を使わせていただいた。

本書は、横浜の都心を、幕末の開港以来の市街地・港・工業地帯の形成より考察し、そこからあるべき姿・コンセプトを提示し、その実現のために可能なあらゆる手法を駆使してきた計画・事業の半世紀の歴史である。「実践的都市計画」の歴史である。ここにおいて、あるべき姿・コンセプトが主導して計画が創り上げられ、事業において実施可能な手法が計画を再構成する。

また、あるべき姿・コンセプトは、時代の最先端の思潮を色濃く反映している。人間環境都市、都市デザイン、首都圏整備構想、ウォーターフロント開発、公民協働、環境技術、そしてエリアマネジメントである。〈みなとみらい21〉は、時代の最先端の思潮から見れば、実験都市でもあった。特筆すべきことは、ここで試みられた方法が、丸の内の再構築で生かされ、二一世紀の街づくりにつながっていることである。

本書において、人が世において何事かなそうとするときの原初的かつ普遍的な取組み姿勢・実践的都市計画によって都市を創り上げようとした物語を見出していただき、また、そこから二一世紀の街づくりが生まれていることをも理解していただければ幸いである。

金田孝之

目次

本書では、本文中の表記統一の難しい用語について以下のように定義し、使用しています。

用語の使い方

一 みなとみらい・みなとみらい21・MM・YMM

みなとみらい：「みなとみらい地区」というように地区名などを指す場合に用いる。
みなとみらい21：計画・事業の名称などを指す場合に用いる。
MM：みなとみらいの地区または事業などを総称して使う。
YMM：㈱横浜みなとみらい21、現在一般社団法人横浜みなとみらい21。

二 25街区、24街区

みなとみらい地区は開発が街区単位で行われることが一般的であることなどから、街区に番号を付してそれを通称としてきた。25街区はランドマークタワーのある街区。24街区は25街区からパシフィコ横浜につながるクイーンズスクエア横浜の街区。

用語の解説

一 公民協働

〈みなとみらい21〉の街づくりは、行政（公共）と民間デベロッパーとの共同での開発という側面が強いことに加え、徐々に一般市民やNPOなど様々な主体を巻き込んだ街づくりが進められつつあり、またそれが今後の〈みなとみらい〉の街づくりの方向性でもあることから、「公民協働」を統一して用いることとした。

二 BID

Business Improvement District。法律で定められた特別区制度の一種で、地域内の地権者に課される共同負担金を原資として地域内の不動産価値を高めるために必要なサービス事業を行う組織を指す。（木下斉：エリア・イノベーション・アライアンス代表理事）

三 都市計画法のマスタープラン

一九九二年の都市計画法の改正（同法第18条の2）により規定された「市町村の都市計画に関する基本的な方針」。

四 アクティビティフロア、コモンスペース

〈みなとみらい21〉中央地区都市景観形成ガイドラインで示されている項目で、それぞれ主に低層階の賑わいづくりや広場状空地のとり方について示したもの。

五 MICE

Meeting（会議、研修）、Incentive（招待旅行、travel tour）、Conference（国際会議、学術会議）またはConvention、Exhibition（展示会）またはEventの四つの頭文字を合わせた言葉（byウィキペディア）。人が集まり交流することで新しいビジネスやイノベーションの機会を呼び込み、地域経済への波及効果を生み出すことを期待する施策。都市の競争力向上につながる。

六〈みなとみらい2050〉

〈みなとみらい21〉計画が事業着手して約三五年、二〇一四年四月にまとめられた「横浜市〈みなとみらい21〉地区スマートな街づくりの方針」の答申を踏まえ、二〇一四年を折り返し地点ととらえて向こう三五年の二〇五〇年に向けて〈みなとみらい〉地区を「世界を魅了するもっともスマートな環境未来都市」を代表するエリアとして新たな取組みを始めるプロジェクト。

Ⅰ

開発誘導から公民協働へ

〈みなとみらい21〉における都市の計画思想の継承と発展

旧横浜正金銀行本店（現神奈川県立歴史博物館）

一 なぜ〈みなとみらい〉が話題になるのか

〈みなとみらい〉地区は、
おしゃれで美しく楽しい街として多くの市民に支持されている。
同時代的に整備が行われた東京臨海部や
神戸臨海部にはない魅力を獲得できた理由は何か？
その源には、〈みなとみらい〉地区を囲む横浜都心臨海部が
潜在的に持っていた地理的必然性、時代に適合した歴史的必然性、
そして〈MM〉スタイルとも言うべき、
計画を推進していく上での優れた戦略性があったと思われる。

一―一 実現された都市空間の魅力

街を歩いてみよう

〈みなとみらい〉地区への玄関口、桜木町駅から街へ入ってみよう（図1）。駅前広場の正面には帆船日本丸の優美な姿が見られる。最初に眼に飛び込んでくる風景が、やはりここはミナトマチであることを強く印象付ける。その背後には、一時我が国最高の高さを

図1 〈みなとみらい〉地区への玄関口、桜木町駅前

誇ったランドマークタワーをはじめとする超高層ビル群のシルエットが連なっている（図2）。

広場から街への入り口には、動く歩道を装備した壮大な歩行者デッキが設えられている。駅と街との間にある高速道路、幹線道路を跨いで、直接街の中核エリアへ人々を誘う装置として、他の街には見られない舞台装置だ。空港等の交通施設を除いて、公共空間に動く歩道が設置されている事例は希少だ。

シェルターが敷設され、雨に濡れない歩行者動線として整備されたこの動く歩道デッキを行くと、ランドマークタワーを中心に整備された25街区と呼ばれる開発エリアに導かれる。低層部には五層にわたる大きな吹抜け空間を囲んで商業施設が設けられており、動線はその中央部を貫いて賑わいの中を通ることになる。この五層吹抜けの大空間は天井高三〇m弱で、そのスケールは歴史的に名高いミラノのガレリアとほぼ等しい（図3）。

25街区の大ガレリアから24街区を経て海に面した国際会議場（パシフィコ）まで連なる軸が、クイーン軸と呼ばれる地区を代表する都市軸（賑わい軸）であり、両街区を貫いてほぼ同じスケールのインナーモールとして整備されている。

24街区の中には、地下に敷設されたみなとみらい線の「みなとみらい駅」が設けられている。駅のホーム空間から上部のモール空間までを一体的に包み込んだ大空間が設けられており、動線のわかりやすさ、地下空間にまで外光が降り注ぐ豊かな環境を実現している（図4）。

クイーン軸のほぼ中間地点、25街区と24街区との間には、二層にわたる「多目的広場」が設けられている、その広場を起点に、クイーン軸と直行する方向に、〈みなとみらい〉

図2　ランドマークタワーをはじめとする超高層ビル群

図3　5層にわたる大きな吹抜け空間

図4　駅空間からモール空間までの一体的大空間

地区を貫いて、グランモールと呼ばれる緑の軸（公園および緑道）が設けられている。この水と緑に彩られた歩行者空間は、ゆったりとした逍遥空間であり、隣接街区の低層部機能が張り出してオープンデッキ等が設えられて、クイーン軸の賑わいとは違った街の安らぎ空間となっている（図5）。

このグランモールの横浜駅側の起点からは、海に向かってキング軸と呼ばれる壮大な歩行者軸が整備される予定であるが、現時点では部分的な整備に終わっている。

こうした歩行者軸を中心に整備された基盤施設の水準の高さが、〈みなとみらい〉地区の大きな魅力となっている。それは一般の街路等の公共施設の整備においても敷衍されており、地区の高質感につながっている。

そして何と言ってもこの街の魅力の大きな源泉は、海との関係、その近接性にあると言ってよい。ミナトマチ横浜の中心部に位置するという基本的な特性を反映して、地区そのものが海、港に隣接した立地にあるということが根本的な条件であるが、その中でも特に地区の水際線は、すべて公園緑地等の市民利用施設として整備されており、市民に開放されている。臨港パークから新港パーク、赤レンガパーク、象の鼻パークを経て山下公園に至る水際線のグリーンネットワークは、横浜の新たな都心に他にはない個性的な魅力を与えている（図6）。

将来、隣接する山下埠頭、山の内地区、瑞穂埠頭等が何らかの形で機能転換されて、一般市民が集うエリアとして再整備されるとしたら、横浜内港の水域を囲む一連の臨水都心として、横浜が獲得する魅力は計り知れない。〈みなとみらい〉の整備は、その魁としての意味を持っている。

図6 整備された水際線

図5 公園および緑道による緑の軸グランモール

さらにこのエリアの魅力として忘れてはならないものが、大岡川河口に位置し、日本丸メモリアルパークと新港地区、関内地区（北仲地区、海岸通り地区）で囲まれた、通称帝産プール、郵船プールと呼ばれる内水域の魅力である。絶妙のスケール感で形成された水域と陸域との関係、相互の活動を見合い、また景観としても一日の時間をダイナミックに映し出す。特に、この水域に映り込んだ〈みなとみらい〉地区の夜景の美しさは、地区随一と言ってもよい。この水域を貫いて、歴史的資産を生かした遊歩道である汽車道が独特の空間体験を与えてくれる（図7）。

市民はこの街をどう見ているのか？

〈みなとみらい〉計画の基本的な目標は、ここに横浜の新都心、さらに言えば高度な業務市街地を形成することであった。もちろん、業務市街地と言っても、複合都心として多様な機能の集積を目指しているが、基本はやはり「働く場」を創ることであった。

一般市民がこの街をどう見ているのか？　を把握する手がかりとして、〈YMM〉が平成二三年度に行った市民アンケート（首都圏市民n＝一〇〇〇）を見る。

「働きたいエリア」としての〈みなとみらい〉の評価は高い。アンケートでは、エリアとして「丸の内」「〈みなとみらい〉」「新宿副都心」「品川」「川崎」「大崎」「その他」を対象に聞いているが、「丸の内」がトップで「〈みなとみらい〉」が僅差で続くという結果となっている。この地区は、働く場として、一定のブランド力を持っている。

「〈みなとみらい〉のイメージ」という視点からは、また違った面が見えている。地区のイメージとしては「広々している」「横浜らしい開放感」といった空間性が評価され、ま

図7　歴史的資産を生かした汽車道

た「国際的」「横浜らしい先進の気質」等新しさへの評価もある。ただし、イメージのトップは、「デートスポット」であり、「訪れて楽しい」「いつも賑わいがある」等を含め、業務市街地としてよりは、主として週末対応のレクリエーションエリアとしての色彩が強い。

「地区にある施設の認知度」では、「ショッピング施設」への認知度が八割を超え卓越しており、「遊園地」「ホテル」等の認知度も七割を超える。「国際会議場」の認知度も高く（七割程度）これは実際に利用することは少なくても、地区のシンボルとしてイメージをリードする存在になっているものと思われる。「美術館」や「コンサートホール」の認知度は五割程度である。

このようにして見ると、エリアの市街地環境については総じて評価が高く一定水準の達成が確認でき、また「働く場」としの評価も高いが、エリアに対する認識としては「業務市街地」と言うよりは「週末観光地」としての認識が勝っている。そうした意味で、この地区は当初の事業目的からするとやや違った形で、むしろ街としてのトータルな「盛り場」としての魅力を獲得しているように思われる。

一―二　都心再開発の稀有な成功例

〈みなとみらい〉地区の開発が都心再開発の稀有な成功例になった背景には、その場が置かれた環境、ことを進めるのに絶好のタイミングであった時代、そしてそこに結集した多くの人の力、いわば「地の利」「時の利」「人の利」があったと思われる。

地の利

ミナトマチ横浜の発生は、大桟橋の基部に位置した小さな二本の突堤（象の鼻）に始まる。その小さな港を起点に、その背後に開港場としての関内が造成され、居留地の形成とともに横浜の街が建設されていった。

港としては、やがて明治二〇年代には大桟橋が築造され、さらに大正時代に入ると横浜港の中核となる我が国初めての近代的埠頭であった新港地区が整備される。また、隣接して港の主要な機能であった造船所が建設され横浜港の基礎が築かれた。

東京と結ぶ鉄道の駅は、初め現在の桜木町の位置に初代横浜駅として設けられたが、やがてこの路線が東京〜大阪を結ぶ国土幹線（東海道線）に組み込まれる過程で、二代目横浜駅は現在の高島町付近に、そして三代目横浜駅が、昭和初期には現在の横浜駅の位置に設置されて現在に至る。

このような横浜の都市形成の歴史を見ると、現在〈みなとみらい〉地区の対象エリアとなっている横浜駅周辺、高島町、旧横浜ドック、桜木町、新港埠頭はまさしく横浜の都心部そのものであり、〈みなとみらい〉地区は、必然的に横浜の都心たるべき「地の利」を持っていたと言えよう。

内港の水域を囲んで、新港地区から横浜駅周辺に至るエリアの広がりの持つスケール感というものも、この地区の開発にとって極めて効果的に働いている。それは、単なる点的な地区開発のスケールを超え、一定のまとまりを持った都心エリアを形成するに十分な広さを持っている一方、とは言え比較的コンパクトに市街地を形成することによって、凝縮した活動の魅力を生み出すことになった。
このことが、東京や神戸の臨海部にない、横浜の大きな特性・魅力になっている。

時の利

昭和五四年度、五五年度に開催された通称「八十島委員会」を契機として具体化に向けて大きく動き出した時点、そこには「時の利」とも言うべき時代的必然性があったと思われる。

この時期、広く世界の港町の動向を見ると、港湾機能の近代化、質的転換という潮流を受けて、多くの港湾都市において都心部に残された古い港湾機能の転換という動きが起こりつつあった。〈みなとみらい〉計画が始動した当時、先駆的に港湾再開発に取り組んでいたボストンやボルチモア等の成功事例を見ながら、横浜においても港湾の新しい形「都心的港湾」を実現したいという機運は高まっていた。結果として、〈みなとみらい〉においては、港湾緑地として水際線の緑のネットワークが形成され、また新港地区においては、「港の情景」を基本コンセプトに、中央地区とは違った街の機能、空間を実現している。いわば港湾サイドの「時の利」を背景に、〈みなとみらい〉の開発が進展したことは問違いない。

一方、都市サイドについて見ると、この時期東京への過度な業務機能の集中への危機感は募っており、昭和五一年に策定された「第3次首都圏整備基本計画」においても、東京に集中した都心業務機能等を周辺の核都市に分散配置するという「広域多核都市複合体」構想が提案されていた。横浜も南部の核都市として位置付けられていた。こうした広域からの要請は、横浜市にとっては、〈みなとみらい〉計画の主要な事業目的として掲げた「横浜の自立性の強化」の実現と軌を一にしていた。この位置付けのもとに、〈みなとみらい〉地区では、政策目標として地区に一九万人の就業人口を誘導することとし、それに即した基盤整備、土地利用等の計画が遂行された。

〈みなとみらい〉の事業は、こうした「時の利」に支えられて始動し、時代の変遷の中で紆余曲折しつつも当初の理念を強靭に持ち続けて今日に至っている。

人の利

計画・事業を推進する上で、それに携わる「人」の果たす役割は大きい。〈みなとみらい〉に関わるセクターは多岐にわたる。中心的役割を果たしたのは、公的セクターとしては、横浜市をはじめ、国の組織（当時の運輸省、建設省）、関連して住宅・都市整備公団（現在のUR都市再生機構）、国鉄清算事業団（当時）があった。また民間セクターとしては、当初の土地所有者であった三菱重工、土地取得を経て開発事業を主体的に担った三菱地所がその主役を果たした。

また、事業を担うこうした主体を支える形で、建築家、都市計画家、土木技術者等の技術者、商業・経営コンサルタント、金融関係者、イベントプロデューサー等の多くの才能が結集され、様々な時点での計画・事業の推進を担った。

そしてそれらを橋渡しする役割を担って、第3セクターの〈横浜みなとみらい21〉があった。

後に具体的に触れるが、これらのセクターには、それぞれに献身的に中心的役割を担ったキーマンが存在した。〈みなとみらい〉という魅力的なプロジェクトに、情熱をもって有能な人材が結集したこと、その「人の利」がこのプロジェクトを成功に導いた最大の要因であった。

一-三 〈MM〉スタイル

〈みなとみらい〉計画の背景には、複雑に絡み合った現況・社会状況、多様な価値観、利害関係、物理的な条件等様々な課題が存在していた。それらを貫いて、計画を実現に導いた背景には、いわば「〈MM〉スタイル」とも言うべき優れた戦略性があった。それは以下の三つの戦略としてまとめられる。

コンセプト主導

〈みなとみらい〉計画は、明確な理念に導かれた事業であり、それを貫くコンセプトは様々な状況の変化の中でもブレることなく一貫して受け継がれ、芯であり続けた。

昭和四〇年代以降、膨大な人口流入に伴う都市機能の相対的な脆弱化という課題を抱えていた横浜市は、その課題解決のための取組み、中でも特に都市骨格形成のために企画された六大事業を推進していた。その中でも中核的な事業として「都心部強化事業」が、大都市横浜の自立に相応しい新都心形成を図る事業として位置付けられていた。

〈みなとみらい〉地区は、都心部強化事業の舞台として位置付けられ、様々な要請に応えるべく、基本理念として「横浜の自立性の強化」「港湾機能の質的転換」「首都圏の業務機能の分担」を掲げ、その実現のための都市像として、「二四時間活動する国際文化都市」「二一世紀の情報都市」「水と緑と歴史の人間環境都市」を掲げたのであった。

この街づくりの理念は、マスタープランという形で具体的なイメージとして描かれ、計画に参加する多くのステークホルダーに共有された価値として、時を経てなお受け継がれる基本的な目標、街づくりの指針となったのである。

事業パートナーの選定

〈みなとみらい〉計画の推進にあたっては、大から小までそこに関わった様々な主体が存在する。そこには、様々な局面における「公民協働」の姿、横浜市の立場から言えば、多様なパートナー選択の戦略があった。

(a) 基本構想立案の段階

〈みなとみらい〉計画は、横浜市の都心部強化事業として計画されるものであったが、そこには多くの国家的要請の視点もあり、一種の国家プロジェクトでもあった。構想段階では、国（直接的には当時の建設省および運輸省）と共同のテーブルに着き、構想の検討が行われた。

また、水面下では、地権者であった三菱重工との移転交渉を含む議論があり、その協働の上に立って初めて計画は具体化に向けて動き出したのである。

(b) 基本事業の推進

〈みなとみらい〉事業の中核的事業は、「土地区画整理事業」「臨海部土地造成事業」「港湾整備事業」である。

このうち、中央地区の都市基盤整備を進める基幹事業である「土地区画整理事業」に関しては、住宅・都市整備公団が事業主体となった。横浜市にとっては、こうした大規模な基盤整備のノウハウを持ち、かつ国との関係も深い公団と協働することによって、効果的に質の高い都市基盤整備の推進を図ったのである。

また、三菱重工から土地を取得した三菱地所は、区画整理事業の大規模地権者として事業の一端を担うことになったのに加え、土地所有者として具体的な街区開発を担うことになった。

「臨海部土地造成事業＝埋立て事業」および「港湾整備事業」については、一部国の直轄事業もあるが、主として横浜市（港湾局）が担うことになった。

さらに、地区の主要なインフラとして計画された鉄道については、計画段階における紆余曲折はあったが、最終的には東急東横線につながる新線という形で事業化され、具体的な事業は横浜高速鉄道㈱という第3セクターによって担われることになった。

(c) 街区開発への参加

〈みなとみらい〉地区の街区開発には、多くの主体がそれぞれの背景を持って参加している。

地区の最大の地権者である三菱地所㈱は、地区の魁となった25街区開発（ランドマークタワー等）をはじめとして多くの街区開発を担っている。

25街区に連なる24街区（地権者横浜市、三菱地所）においては、事業コンペという形で開発事業者を選定しており、住友商事㈱を中心とした企業グループと、三菱地所㈱、日揮㈱および横浜市の共同により事業が進められた。

多くの街区においては、土地の売却に伴い開発者を公募し、事業計画による選定をしている。そのようにして自社ビル、賃貸ビル、商業ビル等の建設が行われた。

開発のそれぞれの段階、局面に応じて、横浜市としては適切なパートナーを選択し事業を進めてきているが、それらを通じてここでの一つの大きな特徴は、官とは一線を画した形で全体をまとめる役割を担って、〈YMM〉という第3セクターが存在することである。〈YMM〉は、昭和五九年、公共セクター（市、県）、民間セクター（地元経済界等）、地権者グループの出資により設立された第3セクター（株式会社）であり、計画の推進を担う組織として中心的な役割を果たした。事務局を形成する主要なメンバーは、横浜市、住宅・都市整備公団（当時）、国鉄清算事業団（当時）および三菱地所㈱であった。

この組織は、平成二一年、〈一般社団法人横浜みなとみらい21〉に改組され、時代に即した新たな役割を担っているが、そうした組織が一貫して地区の計画誘導を担って存在しているということは、〈みなとみらい〉地区の大きな財産となっている。

個性の創出

〈みなとみらい〉地区の街の姿を見るときに、創り上げられて都市基盤の質の高さ、街並みとしての空間的豊かさを感じる人は多い。街づくりにはそれを貫く理念が必要であるが、理念だけでは街はできない。最終的に「もの」として場を形成する道路、街路樹、建物等の質の高さが問われる。

個々の建築、街区単位としての周辺広場等を含めた環境形成に優れた事例は多いが、街としてある程度の広がりを持った領域として、質の高い豊かな環境を形成している事例はそうは多くない。その意味で、〈みなとみらい〉地区は、稀に見る成功を収めた事例であると思われる。

その背後には、横浜市が他都市に先駆け、長年にわたって取り組んできた「都市デザイン」の蓄積の重みがある。

横浜の都市デザインへの取組みについては、別項で述べるが、〈みなとみらい〉地区における成果としては、都市景観誘導としてのスカイライン形成、ビスタ空間の確保等、また、歴史的資産の保存活用として赤レンガ倉庫、旧三菱造船所ドック、汽車道などの成果が生まれている。

こうした具体的な成果の背景には、通り一遍の法律や基準ではなく、より具体的に街のあり方に関与する仕組み、さらに言えば姿勢が存在すると言ってよい。この街では、一般の基準をより進めた「ガイドプラン」が共有されており、開発計画等を誘導調整するための仕組みも設けられている。そして、より重要なことは、そこに実際に携わる人の意識の問題である。粘り強く、よりよい方向に誘導していく強靭な意志、それこそが横浜が培ってきた「都市デザイン」のＤＮＡと言えるだろう。

一-四　変わるもの・変わらぬもの

〈みなとみらい〉計画が始動してから三五年、その間に取り巻く社会環境は大きく変化した。そしてこれから三五年、二〇五〇年の〈みなとみらい〉を囲む環境はどのようになっているのだろうか？　そして、その中で〈みなとみらい〉は、どのような街として存在していくのだろうか?

二〇五〇年という未来の時点に向けて、これからの時代「変わるもの」と「変わらぬもの」は何か? 〈みなとみらい〉のこれからの姿を構想する上での基本的な状況を整理してみよう。

変わるもの

二〇五〇年の社会に向けて、今後大きく変わると思われるものは何か。

(a) 人口の減少、高齢人口の増加

横浜市の推計によれば、市の人口は二〇一九年をピークに減少に転じる。また人口の年齢構成を見ても、六五歳以上の高齢人口の比率は、二〇一五年の二四%から二〇五〇年には三五%へと増加する。そうした状況の中で、あらゆる社会システムは、少子高齢化を前提に組み立てられなくてはならない。具体的なテーマは多様であり、それぞれの課題に対応する解が求められるだろうが、ひと言で総括するとすれば、「成長型社会」から「成熟型社会」への転換ということではないだろうか。それは大きな価値観の転換を余儀なくする。

(b) 技術の際限なき進化

技術、特にITC技術の進化は計り知れない。社会のシステムを支える技術の進化は、人と技術の関わり方を大きく変え、人と社会の関わり方が激変し、ライフスタイルとしても大きな変化が予測される。

ただ、技術の進化はあまりにも速やかで、そのイノベーションの上に立った社会インフ

ラの長期的ビジョンはなかなか描きがたい。それゆえ、硬直した将来像ではなく、逐次的に可変進化できる柔軟なシステムを構築することが必須となるだろう。

(c) 地球環境の持続性に関わる危機感

近年、気候温暖化がもたらす環境変化に対する警鐘が声高に言われている。人間が活動するためには、相応したエネルギーの消費が必要だが、エネルギーの供給と環境問題の共存が大きな課題となってくる。横浜市が進める「環境未来都市」への取組みなど、街づくりの新たな視点として、これまでの価値観に加えられるべき重要なテーマとなる。

変わらぬもの

一方で、これからの時代を見通してみても、さほどの大きな変化は想定されないものもある。それらは普遍的な価値として、今後も街づくりの中で保全される。

(a) 人自体が感じる様々な感情

人が感じる喜び、哀しみ、感動、怒り等の様々な感情は、時代が変わっても大きく変化することはない。美しいと感じるもの、美への感動、心地よいと感じる感覚、都市生活の喜びなど、人が街での生活で感じる「価値あるものとしての評価」は、そう大きく変わるものではない。我々の歴史的な都市への共感はかなり普遍的な感情であり、〈みなとみらい〉地区が当初から追い求めている街の美しさや楽しさは、今後とも変わらぬ価値として受け継がれていくものと考えられる。

(b) 街の物理的骨格の継続性

一度確立された街の骨格や建築物等の物理的空間は、一〇〇年単位で存続する。建築物は時に再開発され変化することはあっても、特に基盤となる都市骨格はそう簡単に変わることはない。そこに構築された都市骨格は、二〇五〇年に向かっても大きく変化することはない。さらに、そこに蓄積される時間は、「歴史的都市空間」としての価値を生み、街並みの風格を生み出すことにもなる。

〈みなとみらい2050〉の基本理念

〈みなとみらい〉地区の将来像、〈みなとみらい2050〉[※]の都市像を考える。

※横浜市により「環境未来都市」として検討された地区ビジョン。

(a)「都市環境」としてのビジョン

〈みなとみらい2050〉の都市は、「都市の持続性」への危機感を克服するビジョンを持つことが求められる。最適化したエネルギー環境を持ち、先進のITCに支えられたエネルギーサービスと環境サービス、そして社会サービスが統合された社会インフラが整備される。それはまた優れた都市防災システムとしても機能する。

(b)「都市空間」としてのビジョン

これまで〈みなとみらい〉を形成してきた都市空間は、相応の優れた水準を獲得していると思われるが、加えてこれからの時代の要請を受けて、新たな展開を見せる。

一つには「エコシティ」の視点。水、緑、風等の環境形成要素に配慮した都市空間形成が重要になるだろう。

「都市景観」については、これまでの街づくりの中でもきめ細かく配慮されているが、それらの街並み誘導の実績を踏まえて、特に地区の海、港に近接する優位性を積極的に享受する景観形成が進められる。

また、「都市デザイン」は、いわば横浜の伝統のようなものであるが、これまでの実践に加えて、新たに環境技術を積極的に活用したデザインの展開といったことがあってよい。

(c)「都市産業」としてのビジョン

現在の〈みなとみらい〉地区は、「国際性」「国際交流」の実践の場としてＭＩＣＥ拠点都市の実現を目指した都市戦略が展開されている。今後もその延長線上の都市戦略は展開される。

さらに、この街に創造的な人々の居住が促進され、創造的活動の展開による新たな価値の創出、創造産業クラスターと呼ばれる新たな都市産業が生まれることが期待される。

(d)「都市文化」としてのビジョン

二〇五〇年と言えば、〈みなとみらい〉地区開発着手以来四分の三世紀が経過した時期にあたる。そこには、日常活動の中に生まれる成熟した「都市文化」が醸成されてよい。かつて、パリやベルリンの「ベル・エポック」が豊かな都市文化を生み出し、人類の歴史の中に貴重な資産を残したように、〈みなとみらい〉地区もそうした歴史的役割を果たすことが望まれる。

街づくりの手法としての将来像

これまでの〈みなとみらい〉地区の街づくりは、前節までに見てきたように、〈ＭＭ〉スタイルとも言うべき優れた戦略性のもとに進められてきた。

すなわち、行政が主体となって明確なコンセプトを掲げ、事業に参加するすべての者がその価値を共有し、共通の目標としてことを推進するという基本構造を持っていた。そして、計画・事業の様々な段階で、多様な形の「公民協働」を実践してことを進めてきた。さらに特筆すべきは、理念を共有するにとどまらず、実際に創り上げる物の水準として、他にはない個性を持った質の高い空間を実現してきたという点にある。

これから二〇五〇年に向かっての〈みなとみらい〉地区の街づくりはどのように展開されるのだろうか？　そこには大きく二つの側面があると思われる。

(a) グランドデザインとしての取組み

横浜都心臨海部全体に視点を広げてみると、これから大きくその姿を変革していくべきエリアが広がっている。「インナーハーバー」と称される水域を囲む広大なエリアで、ここにはそれぞれの地域の特性に応じて、横浜が担うべき都市活動の受け皿としての都市整備が期待される。今後このエリアのグランドデザインを構築するに際しては、〈みなとみらい〉地区で実践してきたような、官主導による「公民協働」の骨太な計画、事業の推進が必要になるだろう。個々の地権者や利権、しがらみを超えて、時に国家プロジェクトと向き合いながら、地域全体の価値を高める事業の推進のためには、エリアの第一義的な当事者である横浜市が主体となる必要がある。その際に、いかに適切なパートナーの参画を促すのか？　〈みなとみらい〉が、これまで成功裏にたどってきた事業推進のプロセスが、そのときの大きな指針となるだろう。

(b) エリアマネジメント

そうした骨太の手法とともに、より地域に密着した肌理の細かい街づくり手法としてエリアマネジメントという取組みが注目される。近年、より積極的な意味で、いわば広域の都市計画に対応する地域の街づくりの有効な手法として、エリアマネジメントの意義が認識されるようになってきている。

特に〈みなとみらい〉地区（図8）について言えば、街が概成しつつある中で、それらのストックを活用して、いかに豊かな都市生活の場を形成、維持、管理していくかは大きな課題となってきている。いわば、ハードからソフトへ、街づくりの主体的局面は、そうした場にシフトしつつある。街づくりに関わる計画、事業の推進のイニシアティブを地域の関係者に委ねるという、柔軟な計画手法が今後ますます重要性を増すものと思われる。

このようにして見ると、〈みなとみらい〉地区がたどってきた街づくりの軌跡は、今後の横浜都心臨海部の将来像を描く場合にも、先達としての役割を十分に果たすものと考えられる。

図8 関内上空から見た〈みなとみらい〉地区のスカイライン

二〈みなとみらい21〉の胎動から実現へ

〈みなとみらい21〉の出発点となった都心部強化事業（図1）は、「横浜港が治安維持のため日本の国土形成軸である東海道から隔離され、出島（関内地区）として開発された」ことに由来している。

横浜では、港に隣接して都心部が形成され、港の両端に工業地域（三菱重工横浜造船所、新山下木材港）が整備された。これは都市や港の形成のスタンダードであった。しかし、横浜都心部を経由しない東海道線の整備と戦後の人口急増により横浜駅周辺に都心機能が新たに集積され、新しい都心と港の背後の古い都心の間に工業・物流地区が存在するという事態が発生した。

その解決策が「工業・物流地区を移転し、二つの都心を一体的に開発する都心部強化事業」である。しかし、明日を見据える「都市の計画」と「今日の経営を切り抜けなければならない造船事業」や「埠頭でまだまだ活動中の港湾関係者」との乖離は大きかった。

二-一 横浜開港がもたらした未来への宿題

港と都心の形成

一八五九年に日米修好通商条約が結ばれ、神奈川を開港場とすることが決められた。し

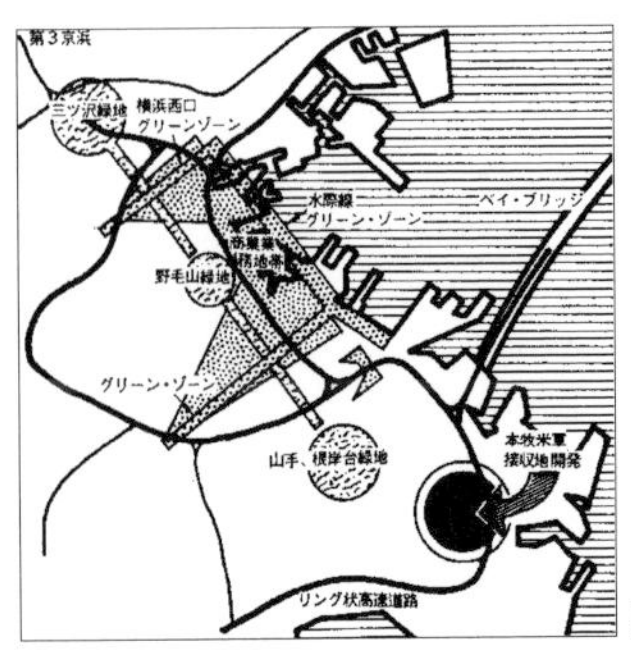

図1 都心部基本構想模式図

かしながら、神奈川は東海道の宿場町で、街道を通行する日本人と入港する外国人との間の紛争を避けるために、幕府は神奈川の対岸で東海道から離れた横浜村に港湾施設や居留地をつくり開港した。これが横浜港となった。

一八七三年には、新橋と横浜港との間に鉄道が整備され、横浜港の入口（現在の桜木町駅）に初代横浜駅が整備された。都心は港に近接して急速に発展した（図2）。

一九〇〇年代に入り、近代的な岸壁（新港埠頭や大桟橋）が整備された。港・都市の計画の基本に基づき、港・都心の外側に高島鉄道ヤードと造船所（その後の三菱造船所）が整備された（図3）。

鉄道の整備

東海道線の当初の運航は、列車は当時の横浜駅（現在の桜木町駅）に寄り、スイッチバックして東海道線に入り西に向かっていた。しかし、一九〇二年に平沼駅が整備され、列車は当時の横浜駅（現在の桜木町駅）に寄らず、東海道線に直行することになった。

一九一五年には、高島町に二代目横浜駅が整備され、初代横浜駅は桜木町駅となった。その後、一九二八年に、現在の

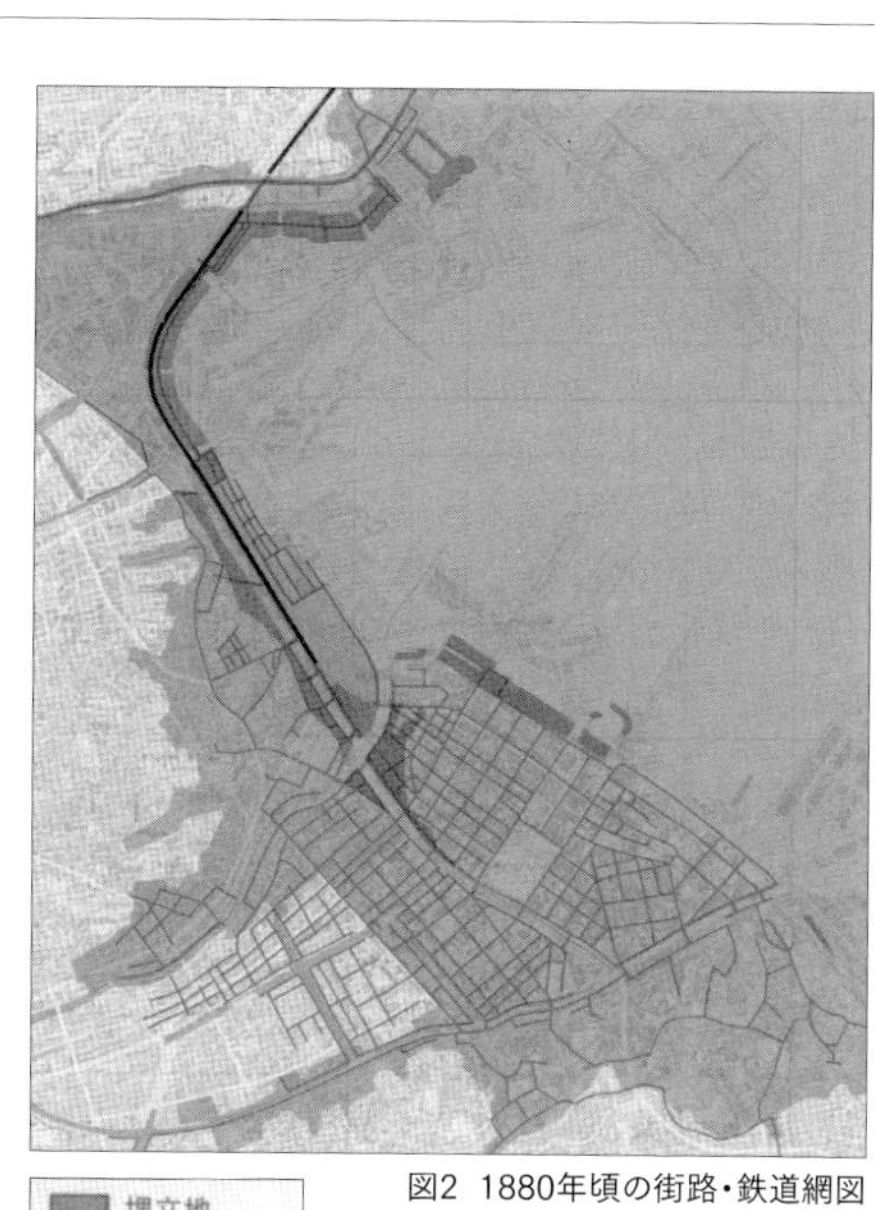

埋立地
Reclaimed land
市街地
Urbanized area

図2 1880年頃の街路・鉄道網図

埋立地
Reclaimed lands
市街地
Built-up areas

図3 市街地の変遷（1920年頃）

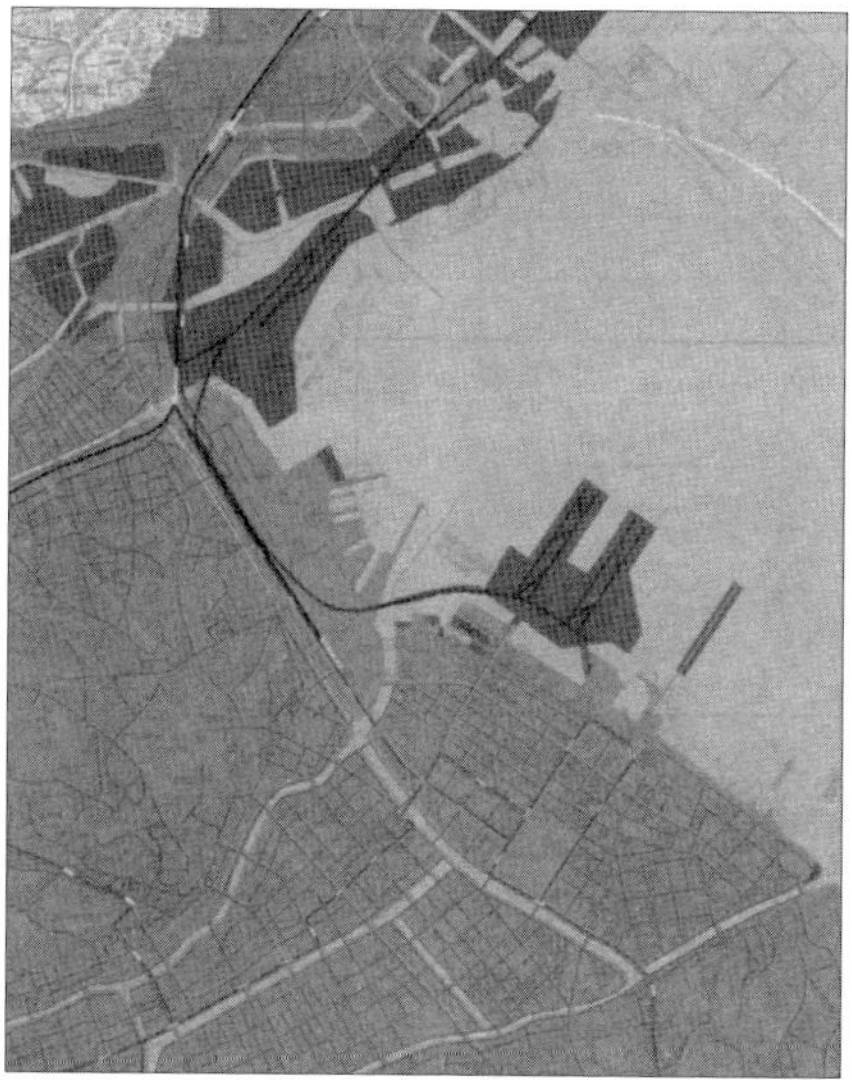

横浜駅が整備される。このような経緯により、横浜港とその背後の都心は、日本の動脈である東海道線と切り離されて立地することになる。

課題の発生

横浜港と都心が東海道線と切り離されて立地することは、一九五〇年代まで大きな問題とならなかった。現在の横浜駅西口側は、物流や工業地区として利用された。

一九六〇年代、七〇年代における急速な経済成長・人口増のため、横浜駅に近接して、新しい都心が形成される。このため、それ以前は都心の外側に立地していた高島鉄道ヤードと造船所が二つの新旧の都心の間に立地することになる。

二-二 課題を横浜都心部強化事業で解く

二つの新旧の都心の間に立地する「埠頭・鉄道ヤード・造船所」の移転が必要なことは多くの人から指摘されていたが、その移転を単なる移転でなく、都心部を再形成する計画として、日本を代表する計画コンサルタントである㈱環境開発で活躍していた田村明氏から提案された。この計画は、都心部強化事業として表現され、横浜市の政策として一九六五年に採用され、以降半世紀にわたり実施されている。単なる移転事業でなく、明確な哲学と論理を有した都心部の再形成という政策・計画であったからこそ、その後提起された横浜港再編成、ウォーターフロントの開発、首都圏の多核都市構想に大きな影響を及ぼし、お互いに調整が可能であった。都市をつくりあげる思想・方法に基づき提案された都心部強化事業がなければ、〈みなとみらい21〉事業は、生まれなかったであろう。

都心部強化事業

都心部強化事業は、三つの目標を持っている。

①三菱造船所、高島埠頭、新港埠頭、高島ヤードや東横浜駅などの鉄道物流機能。これらまだ稼働中の施設を移転する。

②新しい都心である横浜駅周辺と旧都心の関内、二つの都心を一体化し、整備する。

③東京のベッドタウンから脱却し自立するため、業務機能を誘致する。

この三つの目標の下、横浜駅西口地区（五五・四ha）、野毛・桜木町地区（一六ha）、伊勢佐木町・関内地区（二四・九ha）、大通り公園地区（二四・九ha）、山下公園地区（二六・四ha）、横浜駅東口地区（七・三ha）、ポートサイド地区（二五・一ha）および北仲通り地区（一一・二五ha）の開発が推進された。その進め方は、以下の三点であった。

①基本計画をつくり、それにより指導を行う。

②軸となる事業に先行的に助成し、公共投資を行う。

③民間エネルギーの活用・誘導を図る。

三つの目標とあるべき都心の概念図よりなる都心部強化事業による開発誘導である。そして、〈みなとみらい21〉事業は、都心部強化事業の最後の未着手の課題であった。

移転跡地計画

〈みなとみらい21〉事業は、三菱重工横浜造船所の移転が前提となり、移転交渉は一九六九年に開始された。その後一九七八年まで、移転地区あるいはその周辺地区を対象として、三つの計画が検討された。

①一九七一年の計画：移転交渉が開始され、横浜市企画調整局で造船所のみを対象に検討されている。

②一九七五年の新港埠頭の再開発計画：運輸省港湾局も、老朽化した埠頭の再開発に一九七〇年代当初より大きな関心を持っていた。同港湾技術研究所の工藤氏・石渡氏のイニシアティブにより、横浜市港湾局、同企画調整局も参加し、新港埠頭を対象として検討されたが、物流機能は存続する案となっている。

③一九七八年の都心臨海部整備計画：一九七六年に造船所移転の協定が成立したので、造船所のみでなく新港埠頭、高島埠頭、東横浜駅、高島ヤードを対象とした計画が横浜市企画調整局により検討される。この計画は、その後に策定された〈みなとみらい21〉基本計画と多くの面で類似しているが、物流機能が地区内に残っている。

都心区域を政策的に設定し都心を再形成するという都心部強化事業の方法により、横浜市は都心内の開発事業を誘導してきた。この開発誘導を堅持し、〈みなとみらい21〉地区の開発については、構想は横浜市がつくるが、事業実施主体は横浜市や公的機関によるのではなく、民間に委ねようとしていた。図4や図5の構想は横浜市と三菱重工横浜造船所との移転交渉のツールであったとも言える。

造船所の移転先である金沢地先埋立地（横浜市造成）への移転には、移転費用を賄うための造船所の土地処分条件すなわち跡地開発が深く関係する。跡地開発交渉は難航し、一九七六年（昭和五一）三月末日に移転協定、土地売買予約契約を締結するが、一九七八

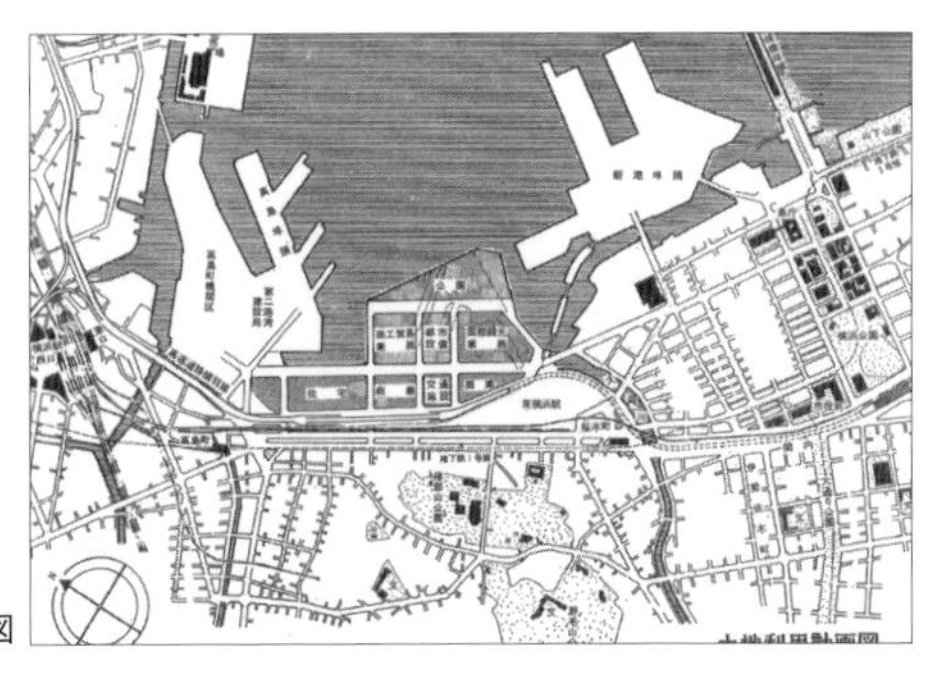

図4　三菱ドック跡地の土地利用計画図

年三月末日に、土地売買予約契約の完結時期を延長した（この間に飛鳥田市長から細郷市長に交代）。

土地売買予約契約の完結時期延長の背景には、開発誘導だけでは解決できなかった三つの課題があった。

①物流機能を全面的に移転し、商業・業務地区として〈みなとみらい21〉地区を全体として開発する事業手法と推進主体。

②インフラ整備における事業費の捻出とコスト負担を可能にする事業手法と主体。

③業務機能を誘致し立地させる事業手法と主体。

この三点が、一九七八年より開始された横浜市都心臨海部総合整備計画調査の大きな課題であった。

言うまでもなく、全体計画をもって個々の地区の開発を誘導する方法は、関内や横浜駅周辺での商業地区の開発で採用されてきた。個々の地区に開発ポテンシャルがあり、都市計画法による用途制限があるものの、開発者が事業採算性から開発用途を決められるなら、開発誘導は有効である。しかしながら、業務機能立地ポテンシャルに乏しい横浜都心で、横浜市の政策により業務機能を立地させるには、強力な政策的枠組が不可欠である。この認識があってこそ、前記三点が課題となったのである。

埠頭機能の移転をもたらした港湾政策

〈みなとみらい21〉事業は、不要となった用地の跡地開発でなく、稼働中の施設を移転させる事業である。造船所だけでなく、まだ稼働中の高島埠頭と新港埠頭の移転が課題で

図5 土地利用構想図（案）

あった。

高島埠頭は、戦後アメリカ軍に接収されていた新港埠頭の代替施設として一九六〇年代に当時の最先端の技術を駆使して整備されたばかりの埠頭であった。新港埠頭は一九一〇年代に完成したとは言え、埠頭からの発生交通量が、一日に一万台を超えるという大活躍の状況であった。

この二つの埠頭の有する物流機能を移転し、土地利用を物流から商業・業務に転換するには、都心部強化事業という外部要因だけでなく、港湾計画・事業に関わる行政当局の主体的な行動が必要になる。幸い、港湾計画・事業の基本となる港湾法は、港湾を施設のみならず土地・水面利用も含め、空間として計画的に整備する思想を有していた。したがって、都市の計画・事業である都心部強化事業を受け止め議論する構造を、港湾法は有していた。物流機能を横浜港のどの区域で整備していくかを決める「港の再編成計画」および〈みなとみらい21〉の水際線整備の基本となった「ウォーターフロント開発」、この二つの港湾政策が、〈みなとみらい21〉地区内の物流機能移転と水際線整備をもたらした。

(a) 港の再編成計画

経済成長による取扱い貨物量増大に対応するため、山下埠頭、続いて本牧埠頭が整備されたが、港から発生する交通量は都心の交通渋滞をもたらし、埠頭機能の低下をもたらした。加えて、船舶の大型化と岸壁とその背後にあるターミナルの規模の増大により、広大な水面と土地が必要となった。このため、横浜港の外延部に位置する湾岸道路に沿って埠頭を整備する港の再編成が、一九七八、一九八二および一九八七年に港湾計画として決定される。

(b) ウォーターフロントの開発

日本のウォーターフロント開発に一〇年先行して、欧米では都心に近接した老朽化埠頭の再開発がインナーハーバー再開発として実施された。多くの事例が日本にも紹介され、港湾行政に関わる国や自治体で、関心が持たれウォーターフロント開発に関わる政策が提起され、数多くの計画・事業が実施された。〈みなとみらい21〉事業が実施されている一九八七年には、港湾空間高度化センターが設立され、〈みなとみらい21〉事業を含め全国で一三三のウォーターフロント開発が推進されている。〈みなとみらい21〉では、赤レンガ倉庫や一号ドックの保存活用、臨港パークから新港パーク、象の鼻パークを経て山下公園に至る水際線のグリーンネットワークなど、魅力ある空間形成で港湾事業は大きな役割を果たしている。

二─三 構想から実現へ

胎動期：飛鳥田市長時代

一九六五年（昭和四〇）一〇月一日に発表された六大事業（①市街地中心地区強化事業：都心部強化事業、②港北ニュータウン建設、③金沢地先埋立て事業、④高速道路網の建設、⑤ベイブリッジの建設、⑥高速鉄道網の建設）は、当時の横浜の抱える人口急増の問題から派生する都市問題を総合的に解決するリーディング事業であった。この段階では事業の実現の道筋は描かれておらず、革新市政として政策的にいかにアピールするかという点に力点があったと言われている。

〈みなとみらい21〉は①の都心部強化事業の中核的事業であるが、三菱重工横浜造船所の移転が前提となり、造船業の社会情勢の変化（造船不況）と市の財政状況等が要因となって、実現には一三年を要することになった。

移転交渉は一九六九年に開始されたが、造船所の移転先である金沢地先埋立て地への移転には移転費用を賄うための現在地の土地処分条件が深く関係する。現在地の跡地開発については、構想は横浜市がつくるが事業実施主体は横浜市や公的機関によるのではなく、民間に委ねようとしていた。※したがって胎動期の構想（図4参照）は、横浜市と三菱重工横浜造船所との移転交渉のツールだった。

跡地開発交渉は難航し、一九七六年（昭和五一）三月末日に移転協定、土地売買予約契約を締結するが、一九七八年三月末日に土地売買予約契約の完結時期を延長した。この間に飛鳥田市長から細郷市長に交代した。

※三菱重工と三菱地所とで「ドック跡地は別の会社の手で」という合意のもと一九七〇年五月に三菱重工㈱は、三菱地所㈱、日本郵船㈱、㈱横浜銀行、横浜共立倉庫㈱等で横浜都市開発㈱が設立された（この会社が一九八四年、〈横浜みなとみらい21㈱〉に発展改組する）。

飛鳥田市長から細郷市長へ

一九七八年四月、細郷市長は就任早々都心臨海部計画（〈みなとみらい21〉計画）に関して、国土総合開発調査調整費（調査の部）の導入を図ることによって、跡地開発の方向付けとナショナルプロジェクトのきっかけをつくった。並行して、三菱重工の金森社長と造船所の移転、跡地開発の基本的方向は変わらないことも確認し、土地売買予約契約の完結期間を一九八〇年とした（図6）。この二年の期間で、あらためて跡地利用の目途をつけるため、次に述べる八十島委員会が発足する。

なお、一九八〇年三月に最終的な移転に関する協定書が締結され、「移転、跡地開発に協力する。移転の時期は一九八五年末までに可及的すみやかにすることとする」と取り決められた。実際は、三菱重工は協定後直ちに新工場の建設（金沢地先埋立て地および本牧）にとりかかり、一九八三年三月末には移転完了した。このようなことから、細郷市長の登場で国等の行政機関、企業との調整は容易になったと言える。

一般的に市長の交代により、政策の新しさを打ち出すためにこれまでの計画が廃止、変更される場合が少なくない。しかし、〈みなとみらい21〉をはじめ横浜の六大事業は、横浜市の都市のあり方に着目した計画であったがゆえに行政計画として引き継がれた。都市づくりは権利者との調整が進んでいることが多く、その実態は無視できない側面を持っているからである。

さらに細郷市長は、横浜都市開発㈱を発展改組し、一九八四年（昭和五九）七月、第3セクター㈱横浜みなとみらい21〈社長高木文雄氏〉を発足させた。この組織の位置付けはあくま

図6 1980年当時の造船所があった〈みなとみらい21〉地区

でも、まちづくりの広報活動やまちづくり協定を締結することとし、基盤整備は横浜市などの公的機関、上物開発は三菱地所など民間デベロッパーとされた。

八十島委員会での基本構想案策定のねらいと特徴

(a) 委員会のねらい・開催概要

日本で初めてのウォーターフロント開発であり大規模の都心形成事業であることから、横浜市だけではできないとして、国家プロジェクトにするため一九七八年第一段階として国土総合開発事業調整費（調査の部）の導入を図った。運輸省、建設省、国土庁（今は三省庁一体で国土交通省となる）と横浜市が一体となって二か年で調査、計画策定をすることになった。そのため八十島義之助東大教授（当時）を委員長として「横浜都心臨海部総合整備計画調査委員会」を設置した（表1）。委員会は一九七八年（昭和五三）一一月二二日（第一回委員会）から一九八〇年四月三日（五四年度第五回委員会）まで計九回開催された。

委員会が策定する構想案（図7）は、三菱重工横浜造船所の移転問題等の条件づくりをすることが第一の目的であり、委員会の終了と時期を同じく一九八〇年三月、三菱重工㈱横浜造船所の移転（移転協定の締結）が決定された（表2）。

また、この構想案をもとに一九八〇年一一月、「中間報告」の形で八十島委員会策定構想をベースに、現実のプロジェクトとする場合の進め方に配慮して肉付けしたものが発表された。

(b) 委員会での論点

①運輸省港湾局と建設省都市局との間で、水際線沿いの土地利用を都市的土地利用に転

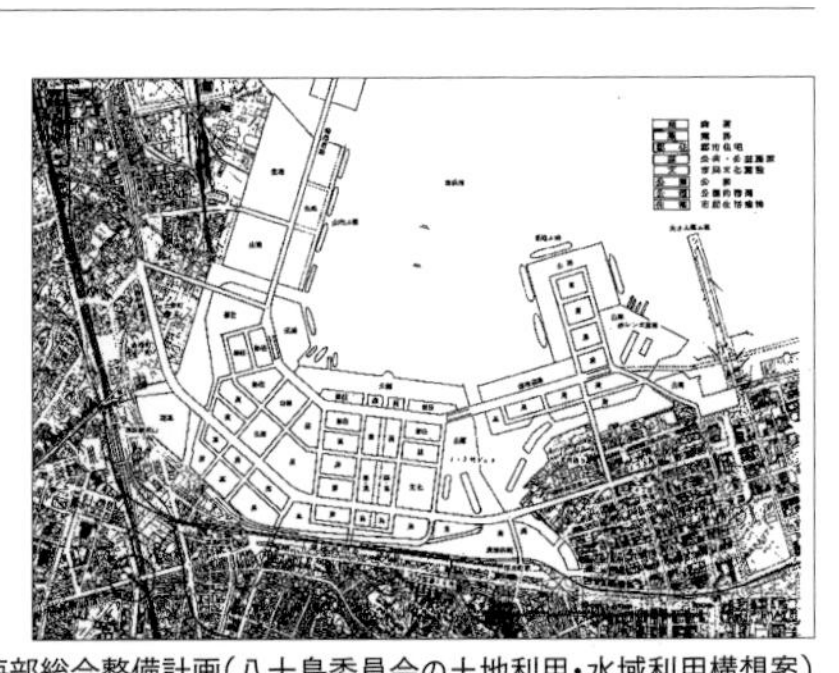

図7　横浜都心臨海部総合整備計画（八十島委員会の土地利用・水域利用構想案）

換すべきかどうかの熱い議論が続いた。運輸省は従来型の港湾機能（貨客船等の埠頭機能）を残した土地利用の考え方に立ち、建設省は不特定多数の市民が立ち入れる公園・施設利用などの都市的土地利用の考え方に立って議論が交わされた（I-三-三図9）。結果的には中央地区は都市的な土地利用を基本とし、新港埠頭地区は埠頭機能を残す案になった。

②①と関連して水域利用、埋立て法線（どこまで埋め立てるべきか）の考え方を比較検討した。再開発の事業性を高めるためには一定程度の埋立てが必要であるが、既存の鉄道駅や隣接の市街地との距離も考慮すると過度な埋立ては望ましくないということで委

表1 1978〜79年
横浜市都心臨海部総合整備計画調査委員会　（　）は前任者

委員長	八十島義之助	東京大学教授
委員	伊藤 滋	東京大学助教授
	井上 孝	横浜国立大学教授
	入沢 恒	横浜国立大学教授
	大高正人	大高建築設計事務所
	大塚友則	日本港湾協会参与
	北見俊郎	青山学院大学教授
	佐貫利雄	日本開発銀行設備投資研究所副所長
	山東良文	住宅金融公庫理事
	竹内良夫	国際臨海開発研究センター理事長
	新谷洋二	東京大学教授
委員	平野侃三	国土庁大都市圏整備局整備課長
	土坂泰敏	運輸省大臣官房地域計画課長（吉田耕三）
	藤野慎吾	運輸省港湾局計画課長（小池力）
	岩橋洋一	運輸省鉄道監督局国有鉄道部施設課長
	渡部 一	運輸省第二港湾建設局次長（加藤勝則）
	並木昭夫	建設省都市局街路課長
	依田和夫	建設省都市局都市交通調査室長
	鈴木道雄	建設省道路局道路経済調査室長
	小野重典	建設省関東地方建設局企画部長
	持永堯民	自治省財政局地方債課長
	草野一人	日本国有鉄道建設局停車場第一課長（田中道人）
	大崎本一	首都高速道路公団計画部次長
	（有山勇次郎）	（首都高速道路公団計画部長）
	小林信寛	神奈川県土木部長（宮川剛造）
	佐藤安平	横浜市企画調整局長（寺内 孝）
	近藤忠臣	横浜市都市整備局長（猪狩剣正）
	池沢利明	横浜市道路局長
	小林弘親	横浜市港湾局長（鶴見俊一）
	鶴見俊一	横浜市交通局長（石渡三郎）

表2 三菱重工横浜造船所の移転交渉等の経緯

1963年（昭和38）	4月、飛鳥田一雄市長就任
1965年（昭和40）	2月、都心部強化事業発表
1969年（昭和44）	2月、三菱重工㈱横浜造船所移転交渉開始
1970年（昭和45）	5月、横浜都市開発㈱発足
	1973年までは大型造船所ブーム
	1973年、オイルショックによる経済不況（→構造的造船不況）
1976年（昭和51）	3月、三菱重工㈱と土地売買予約契約締結
1978年（昭和53）	4月、細郷道一市長就任
	1978年、公共投資抑制が国策となっていた
1980年（昭和55）	3月、三菱重工㈱と移転協定締結（移転時期1985年末）
1983年（昭和58）	3月、移転完了
1984年（昭和59）	7月、〈㈱横浜みなとみらい21〉発足

員会案がまとめられた。

③中央地区は都市的土地利用への転換が方向付けられたが、そこに都心居住機能（住宅）を許容するかどうかも議論となった。業務商業機能を導入することが基本的目標であるが、一定量の住宅は都心の魅力や賑わいづくりに欠かせないとして認められた。

(c) 八十島委員会案の特徴

委員会でまとめられた構想は理念型の性格を有し、細部まで決めきったものではなく、柔軟な対応が可能となるような現実性に配慮したものとなっている。その理由はこの開発計画が住宅地開発と異なり、長期にわたって都心の形成を図ることを目的としていたため、時代の変化、情勢の変化等に対応することが重要との認識があったからである。

具体的には①マスタープランは道路等の骨格、水際線を骨格としておさえれば土地利用は時代の要請に従って変化しても構わない。②道路は一定の幅員の確保と単純明快なグリッドパターンを原則にし、③街区はスーパーブロック方式（土地利用によっては四〜六ブロックに分割）を採用し、変化に対応しやすくした。④段階構想と代替案を作成し選択肢を設けることにより、情勢の変化に対応できる形にした（特に高島ヤードの将来にわたっての必要性は低いとされていたが、いつどのように機能が変わるか読めなかった）。

横浜都心臨海部総合整備基本計画（横浜市案）

八十島委員会の構想案をベースに、さらに市民、港湾業界、議会等の関係者（ステークホルダー）の意見を聞くために一九八一年七月に中間案（I－三－三図11）をつくり、一一月に市案を示した。

この横浜市案をもとに事業手法として、土地区画整理事業が一九八三年二月に都市計画決定し、また公有水面埋立て免許に関わる運輸大臣の認可と土地区画整理事業に関わる建設大臣の認可を一九八三年一一月にとり、〈みなとみらい21〉（愛称決定：一九八一年一〇月）事業の着工となった。

以上のように中間報告、中間案という位置付けのもとで構想案を発表し、様々な意見を聞く形で収斂させていった背景には、とりわけ港湾業界への配慮が大きかった。

周辺地域への配慮

もう一つのステークホルダーとして、直接的に幹線道路が通り抜ける北仲通地区と神奈川ポートサイド地区の権利者、それと人の流れや地域経済の点で影響を受ける関内・伊勢佐木町地区および野毛地区の関係者が存在した。八十島委員会の検討の中でも中央地区、新港地区だけでなく北仲通地区と神奈川ポートサイド地区を含めて段階計画案を策定した。この両地区には一九八一年一月から地元説明会を実施していった。まさにプラス効果とマイナス効果が交錯する中で反対意見や不安視する意見もあったが、徐々に計画を受け入れるかたちになっていった（図8）。

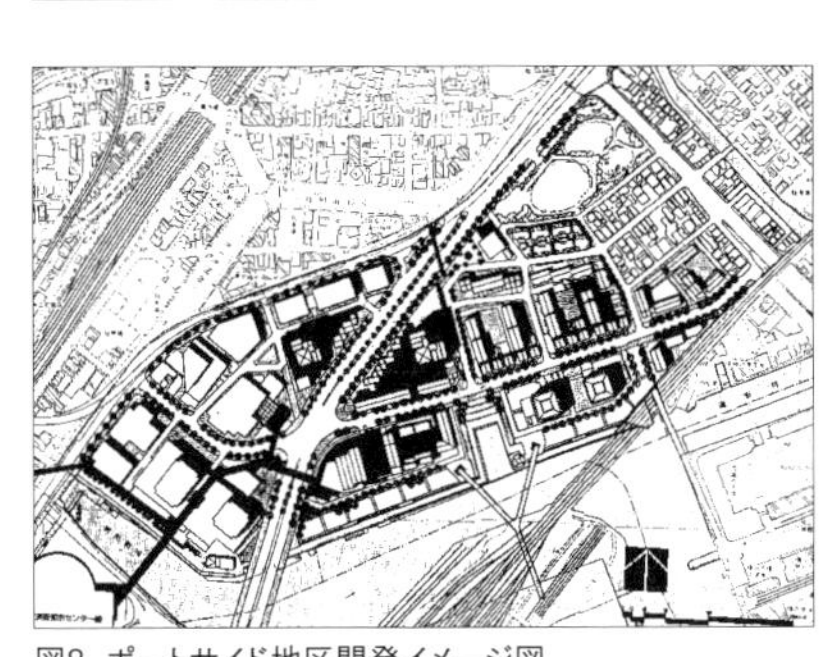

図8　ポートサイド地区開発イメージ図

【コラム❶】継承された田村明氏の実践的都市計画の姿勢と手法そして熱

〈みなとみらい21〉の出発点となった都心部強化事業を提案した田村明氏は、宅地開発要綱による開発者負担や横浜市の都市開発におけるあるべき姿の妥協なき追求により、その姿を理解され、同氏もしばしばそのことを闘いとして語っている。一九七〇年代の横浜市では、財政難の中で毎年市人口は一〇万人増加していた。市民の住環境を守るため、宅地開発者が公園・下水・街路などのインフラを負担すべきだとして、宅地開発要綱による開発者負担を求めた。無秩序な都市の拡大に対し、人間環境都市の言葉の下、秩序を求めた。

田村氏は、妥協なき実践的都市計画家・プランナーとして理解されている。しかしながら、㈱環境開発での計画・グランドデザインの提案、横浜市企画調整局長として都市開発・都市計画に関わる制度の整備、さらには法政大学教授時代以降の執筆、たとえば自身が遺言とも表現した江戸東京街づくり物語に通底しているものから浮かびがってくるのは、都市の抱えている課題を可能な限界まで解決策を見出し実施していく姿勢である。

この意味において、正統的な都市計画の思想家そして体現者である。都市計画の二つの側面、再開発事業やニュータウン事業における具体の街づくりと都市計画法や建築基準法に見られる開発コントロール、この両者に精通した思想家であり実務者である。通底しているものは、課題を担い解決することを第一義とする「正統的な都市計画」の思想家そして体現者である。同氏は、自らの考える都市計画を実践的都市計画と表現し、その姿勢として次の七つをあげている。

・都市の未来についての洞察とあるべき姿についての哲学の確立
・都市の姿についての科学的分析とその蓄積
・市民の要求と計画に反映させたときの反応
・現実的にスタートさせるためのプログラムを用意

・固定観念にとらわれない手段方法を考える
・絶えず現実との接触を持つこと
・気長に継続的に実現
また、その手法として次の七つをあげている。
・長期的総合的計画
・戦略的プロジェクト
・開発コントロール
・アーバンデザイン
・物的計画を補完するソフトプランニング
・都市についての分析
・必要な組織づくり

このような田村氏の姿勢と手法は、〈みなとみらい21〉総合整備基本計画策定と事業実施において以下のような影響を与えている。

(1)グランドデザインによる街のあるべき姿（街路・モール・水際線の線形）
(2)コンセプト主導の計画づくり（商業・業務中心の土地利用、大規模街区）
(3)基本計画により将来像を共有し、関連するすべての計画・事業を調整する。
(4)可能な限りあらゆるものを、事業の実施手段とする。
(5)インフラ整備と公共建築物整備の先行により、民間の街区開発を誘導する。
(6)公共建築物整備と街区開発におけるデザインコントロール
(7)街を段階的に開発していく
(8)公民共同で街づくりを行うための街づくり協定と組織〈みなとみらい21〉会社の整備

田村氏の「都市の未来についての洞察とあるべき姿についての哲学の確立」の影響を、〈みなとみらい21〉基本計画を例として取り上げると、地区内の造船所や埠頭の開発ポテンシャル、あるいは権利者の動向を主たる要因として計画されたわけではないことである。通常の開発では、開発ポテンシャルや権利者の動向が大きな要因となるが、この基本計画は首都圏における業務地立地と横浜都心のあるべき姿、都心での望まれる環境、環境としてのウォーターフロントの役割、これらの哲学・コンセプトを基本として計画が定められたのである。

　関内地区でも開発誘導の基礎となる方針は、このコンセプトにより定められているが、開発地区は関内全体のわずかな部分であった。コンセプトは概念として地区を覆っていても、事業として地区全体を覆ったわけではない。〈みなとみらい21〉では、基本計画とその事業化を通して、コンセプトが地区全体で現実化されたのである。

　田村氏の姿勢と手法を継承し、同じコンセプトによって基本計画を策定し、その事業化でコンセプトが地区全体で現実化される上で大きな役割を果たしたのは、計画策定委員会の委員長となった八十島義之助東大教授や同委員の大高正人氏である。両氏の田村氏の思想についての理解、卓抜した指導、そして都市計画において誰もが認める時代の代表者としての立場があってこそ、田村氏の姿勢と手法は継承され、〈みなとみらい21〉計画は世に出ることが可能となった。

　継承には、思考だけでなく、都市計画家・プランナーとしての実存から生まれる熱が不可欠である。「背水の陣を敷くことで、前向きのエネルギーを出す」ことを田村氏は述べ、横浜市企画調整局長時代を自分の青春であったと語っている。その青春のすべてを賭けて「背水の陣を敷きエネルギーを放出」したのである。

　当時は前代未聞だった「横浜都心部を通過する高速道路の地下化」は、企画調整局の大テーブルに座り込み夜を徹し周辺を説得した氏のエネルギーで実現したものである。「背水の陣を敷くことで、前向きのエネルギーを出す」姿勢は、企画調整局の組織文化となり、この姿勢なしでは〈みなとみらい21〉の事業化はおろか、計画の確立もできなかったであろう。姿勢と手法だけでなく、氏の熱も継承されたのである。

　そして、田村氏の都市計画家・プランナーとして生まれる熱を、誰よりも共有していたのが、大高氏と思われる。大高氏は、計画策定と事業化の中で、熱を伝搬され続けたのである。


（金田孝之）

【コラム❷】継承された思想──港まちSASEBOにおける実践的都市計画の展開

長崎県佐世保市は、JR最西端の駅がある日本最西端のまちで、周りを緑の山と海に囲まれた港まちである。

人口四〇〇〇人ほどの寒村から、明治期の国策により、西の海を守る命（旧日本海軍の鎮守府開庁）が与えられ、旧海軍時代から今日一〇〇年以上の佐世保市の歴史は、常に世界に開かれた海が深く関係していたと言えるだろう。

開港都市としての自然的、歴史的背景として、都市構成の中心となる市街地は、佐世保川に沿って平地が細長く連なって佐世保港へ至っており、背後の山々に囲まれた地形的な特徴が、全体景観の構成のベースとなっている。

戦災により大きな被害を被ったが、戦災復興の区画整理事業により佐世保川とアーケードと道路が平行して市役所に向かってグリッド状をなしている。

市街地の中でも、とりわけ佐世保港に面した一帯は、旧海軍による港の埋立て地を中心とした関連施設が配置され、今日でも数多くの旧海軍時代の諸施設が残されており、アメリカ海軍基地内の倉庫群など多様な使われ方がなされている一方、軍港という性格から市民生活と海との関係性は薄いものであった。また、中心市街地という性格上、様々な都市活動が展開される場所であり、商店街や駅周辺のプロムナードや公園、市内外から多くの利用が見られる陸と海のターミナル施設等が立地している。

さて、振り返ると一九八〇年代（昭和六〇年代）の佐世保市は、基幹産業であった造船業の斜陽化と、これに伴う関連産業の不振による中心市街地の活力低下に悩まされていた時代であった。

そこで、長崎県と佐世保市で行った中心市街地活性化計画（シェイプアップマイタウン）による「駅周辺整備の方向付け」がなされ、また国鉄の遊休地を活用する新拠点整備の考え方が、定住拠点緊急整備事業に盛り込まれた。

　佐世保駅周辺地区の陸側においては、土地区画整理事業の導入や定住拠点センター（後のアルカスSASEBO）の設置などが位置付けられた。あわせて佐世保駅に隣接する海側においては、佐世保港自体が軍港という性格から、それまでの街や市民と隔たりがあった港を「うるおいと賑わいの水辺空間」に再生すべく、「ポートルネッサンス21計画」が行われることとなった。こうした、経緯を経て、「佐世保駅周辺再開発事業」の検討が始められることとなった。

　平成に入り、区画整理事業を行う陸側には「ふるさとの顔づくり計画」が、「ポートルネッサンス21計画」を行う海側には「フォローアップ計画」等、具体の事業計画が展開され、道路や土地利用などの基盤構成と同時に景観的な側面にも配慮していく時代の流れに沿った検討がなされた。

　地区全体の鳥瞰図や、個別の空間ごとのデザインイメージが検討され、建築物の景観に対して一定のガイドライン的ルールを示す都市景観要綱も制定された。

　公共空間の景観デザインにおいては、県民文化ホール（アルカスSASEBO）や佐世保駅舎の設計検討が先行して進められ、港町としての顔づくりや海とのつながりをどのように表現するかがテーマとして取り上げられるなど、景観に配慮した計画が本市でも取り入れられ始めた時期であった。

　大きくは七つの事業で進められてきた駅周辺再開発事業（実施期平成一〇～一七年）は、事業主体が国、県、市にまたがり市の事業もセクションが多岐にわたったことから、事業推進上の総合調整の中でも、景観デザインに関する調整や検討は最重要の課題となっていた。

　特に道路等の基盤整備が進み、目に見える表層の素材やデザイン、色彩の最終調整は限られた期間内に、しかも着実に行う必要があった。

　そのためには、魅力ある街づくりの視点からの目標を設定し、その目標に向かって公共と民間が共同する関係によって推進されることが重要であると認識し、横浜市で行われてきた都市デザインという視点を本市街づくりに取り入れようということで、一九九九年（平成一一）横浜市役所で長年都市デザインの具体的な実践活動を展開してこられた西脇敏夫氏を佐世保市都市デザイン担当理事として招へいし、本市都市デザインの先頭に立って具体に街づくりを行っていただくことになった。

佐世保市が進めた街づくり（都市デザイン）は、自然的背景、歴史的背景、都市的背景などを踏まえ、その街全体としての次の五つの考え方を基本的方針として定めることとした。

・都市の骨格を生かす
・都市構造の変化に対応する
・佐世保の自然的資源、歴史的資源、都市的資源、文化的資源を生かす
・周辺地区との関係性、連絡性を図る
・快適な歩行者空間の形成を図る

公共空間の中でも、特に歩行者空間のつながりと快適性を確保することを重視し、既存の中心市街地と当再開発地区を結び、同時に地区を回遊するかたちで「五本の歩行者軸」を設定した。

その背景として、佐世保は港に面した街でありながら、中心市街地にこれまでなかったウォーターフロントの空間と、既存の市街地をはじめ交通結節点や文化施設、緑地などを結ぶかたちで、快適でわかりやすく、賑わいのある歩行者空間の形成を図るという新たな視点から導入したものである。

この「五本の歩行者軸」は、景観デザイン面での基調としても活用し、同時にバリアフリーや市民参加の視点を重視する意図とを重ね合わせ、駅周辺地区の景観デザインのコンセプトを最も明解に表現する対象として位置付けた。

共通の目標に沿って、可能なところから調整を図ったうえで、それぞれの個性演出と相互調整に基づく設計検討を経て実現され、駅周辺地区の公共空間が現在の姿を表し、街の賑わい、中心市街地回遊性、快適性を市民へ提供している。

さて、この佐世保駅周辺再開発計画は、大きくは七大事業と呼んでいる事業をはじめ多種多様な事業によって構成されていた。そのうち道路や公園、広場など地区の骨格を形成する基盤整備は五事業に、公共ないしは公共的な建物整備は六事業により進められた。

これらの事業は多種多様であり、事業主体も異なる

ので、その相互調整を図るため平成五年四月「佐世保駅周辺再開発事業庁内推進委員会（委員長：助役）」が組織された。事業の進捗に合わせ平成一二年三月に「設計調整会議」に変え、平成一三年一二月には「土地活用・処分会議」を加えた。

特に「土地区画整理地区」と「ポートルネッサンス21地区」で造成される道路、広場等の公共施設はともに市の事業であるが、事業手法や担当部署が異なるため地区全体の整合性を図るために、その設計調整をこの推進委員会の「設計調整会議」で行った。

また、市以外の事業主体でつくられるその他の公共施設の設計は、それぞれの事業主体によって組織された設計検討委員会等によって行われてきた。

こうして、多種多様な事業主体による事業によって構成される計画地区全体を、一つの地域として整合性を図り、都市環境全体として快適な市民生活が営め、個性と魅力のある都市空間を形成するよう、主に設計段階からの取組みではあったが、総合的に調整を図ってきた。

基盤整備がほぼ終了した平成一七年三月には、「佐世保駅周辺再開発事業庁内推進委員会」を廃止し、残された課題である「ポートルネッサンス21計画区域」内の土地活用、処分について協議する「ポートルネッサンス21計画土地活用処分プロジェクトチーム」を発足させた。そして、その中の重要な案件については、平成一五年度に新たにスタートした「経営戦略会議」で審議することにした。

このように、本市が進めた街づくりは、横浜市の都市デザインの本質の考え方を承継し、街全体の目標を明らかにしたうえで、街に参加してくる様々な主体の要求とそれらの相互関係をこの目標に従って調整を図り、街の中に魅力と特徴を持った快適な公共空間のあり方を具体的に示すことで、佐世保らしい都市環境の形成につなげることができたと考える。

また、今後も行政の取組みとして継続的な都市デザイン活動を積極的に推進していくことで、官民協働による魅力ある街づくりに発展すると確信している。

（中島勝利）

三　基本計画の特性——〈MM〉が目指したもの

〈みなとみらい〉基本計画は不思議な計画である。
それは法定の計画ではない、また事業計画でもない。
ただ、その計画の上に立って、都市計画、港湾計画等の法定計画が定められ、
土地区画整理事業、街路事業等の事業が進められた。
また、そこに描かれた詳細な都市イメージを体現するかたちで、
土地利用、機能集積、空間デザイン等の計画・事業が誘導された。
〈MM〉基本計画は、この事業に参加した皆に共有された理念であり、
目指すべき空間の水準を示すガイドプランであった。

三—一　戦略的な計画フレーム

前提としての事業目標

〈みなとみらい〉事業の目標として掲げられた三つの目的、「横浜の自立性の強化」「港湾機能の質的転換」「首都圏の業務機能の分担」は、当時横浜が抱えていた様々な課題を解決し、首都圏の中の大都市横浜に相応しい存在感を発揮するために掲げられた戦略的な目標であった。

横浜の自立性の強化という視点では、当時、関内地区と横浜駅周辺に分極していた横浜都心に対して、間に立地していた造船所、ヤード、埠頭機能を移転再開発して、連坦した都心を形成する（この形状から「クサビからカスガイへ」と呼ばれていた）（図1）ことによって、そこに多くの就業人口を呼び込み、大都市に相応しい都市としての自立性（昼夜間人口比率のバランスのとれた都市構造）を目指すことであった。

港湾機能の質的転換という視点では、港湾機能の巨大化、外延化という質的転換に伴い、都心部に残された旧い埠頭の再開発の必要性が企図されるようになっていた。特に都心に近接したウォーターフロントとしての港湾エリアへの期待は大きく、そこに新しいかたちでのいわば「都心型港湾」の形成が魅力的なテーマとして浮上していた。世界の多くの港湾都市でそうした動向は加速しつつあり（図2、3）、〈みなとみらい〉の計画も世界的潮流の一環であった。

首都圏の業務機能の分担という視点では、東京への業務機能の過度な集中を是正し、首都圏三〇km圏の中核的な都市群に、適切に機能の分散配置を行うとする国の政策（業務核都市構想、図4）に呼応して、業務都心としての充実を図るということであった。三〇km圏の横浜・川崎、立川・八王子・多摩、さいたま（大宮・浦和）、つくば・土浦、千葉を環状に結ぶ業務核都市連携軸と横浜から京浜臨海部を経て羽田、東京臨海副都心、幕張新都心等の東京湾岸の拠点を連携する軸を想定し、首都圏における横浜の存在感を持った役割を確立することを目指した（図5）。

計画人口フレーム

図2 ボルチモア

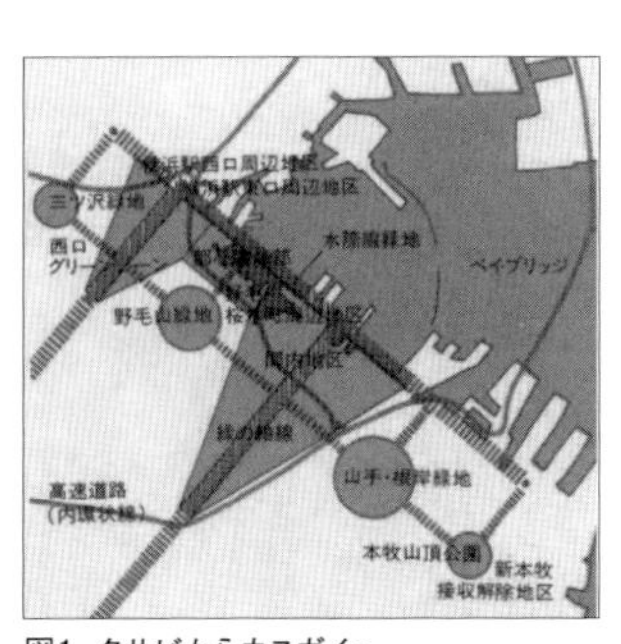

図1 クサビからカスガイへ

(a) 就業人口フレーム

〈みなとみらい〉事業の目標の一つである「横浜の自立性の強化」を図る端的な指標として考えられるものが、昼夜間人口比である。一〇〇を超える場合にはエリアでの中核性が高く、逆に一〇〇を切る場合には周辺への従属性が強いことを意味している。計画時点で横浜市の値は九〇・六であり（昭和五〇年国調査データ）、東京への就業就学人口の依存体質が顕著であった。

計画の目標として、この昼夜間人口比率を一〇〇にまで引き上げるという目標設定が考えられた。

ただし、ここには就学人口という今回の計画の視野に入っていない要素が絡んできて、数値設定上の不確定要因が加わることが危惧されたため、次善の検討策として、市域にお

図3 ボストン

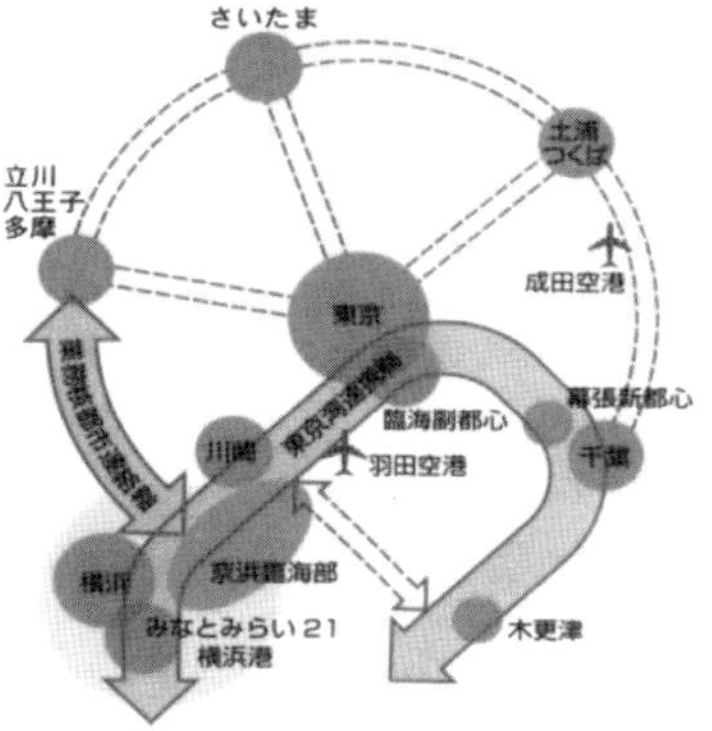

図4 業務核都市構想

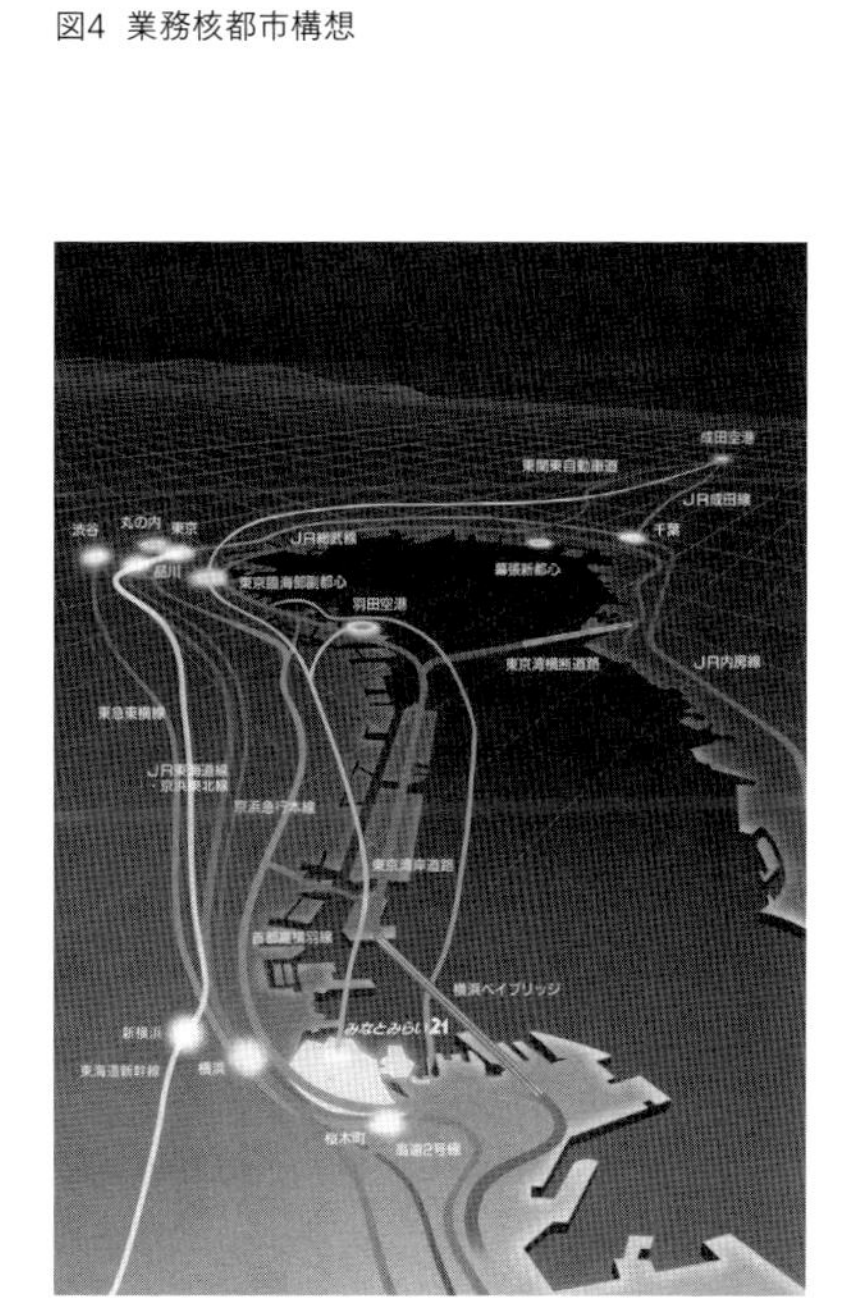

図5 東京湾岸軸

ける就業人口（従業地就業人口）の水準（対居住人口比）に特化した検討を行うことにした。

すなわち、全国の主要七〇都市（県庁所在地、就業人口規模一〇万人以上の都市）を対象として、都市の人口増加率（昭和四五〜昭和五〇年）と就業人口比率を評価軸として、それぞれの都市特性をプロットする作業を行い、横浜の実情を把握した。その上で、自立性の強化のための市域における就業人口の比率を、昭和七五年の目標年次に、ここに示した全国主要七〇都市の平均的な水準にまで高めるという目標設定を行った。

横浜市の人口（居住人口）については、当時の横浜市新五か年指標として、昭和七五年までの推計値が試算値として示されており、ここではその数値を採用した（昭和七五年で三三六万人と推計されている）。この前提として算出される市域の就業人口の目標は一四八万人（昭和七五年）となった（図6）。

一方で、現状トレンドから想定される市域の就業人口を、市域人口に対応したロジスティック曲線からの推計、および産業分類別の就業者実数から指数曲線回帰させた推計値の積み上げの双方から推計した数値はほぼ同じ水準を示し、いずれも昭和七五年時点で一一〇万人となった。

こうした検討に基づき、両者の差分、すなわち昭和七五年の

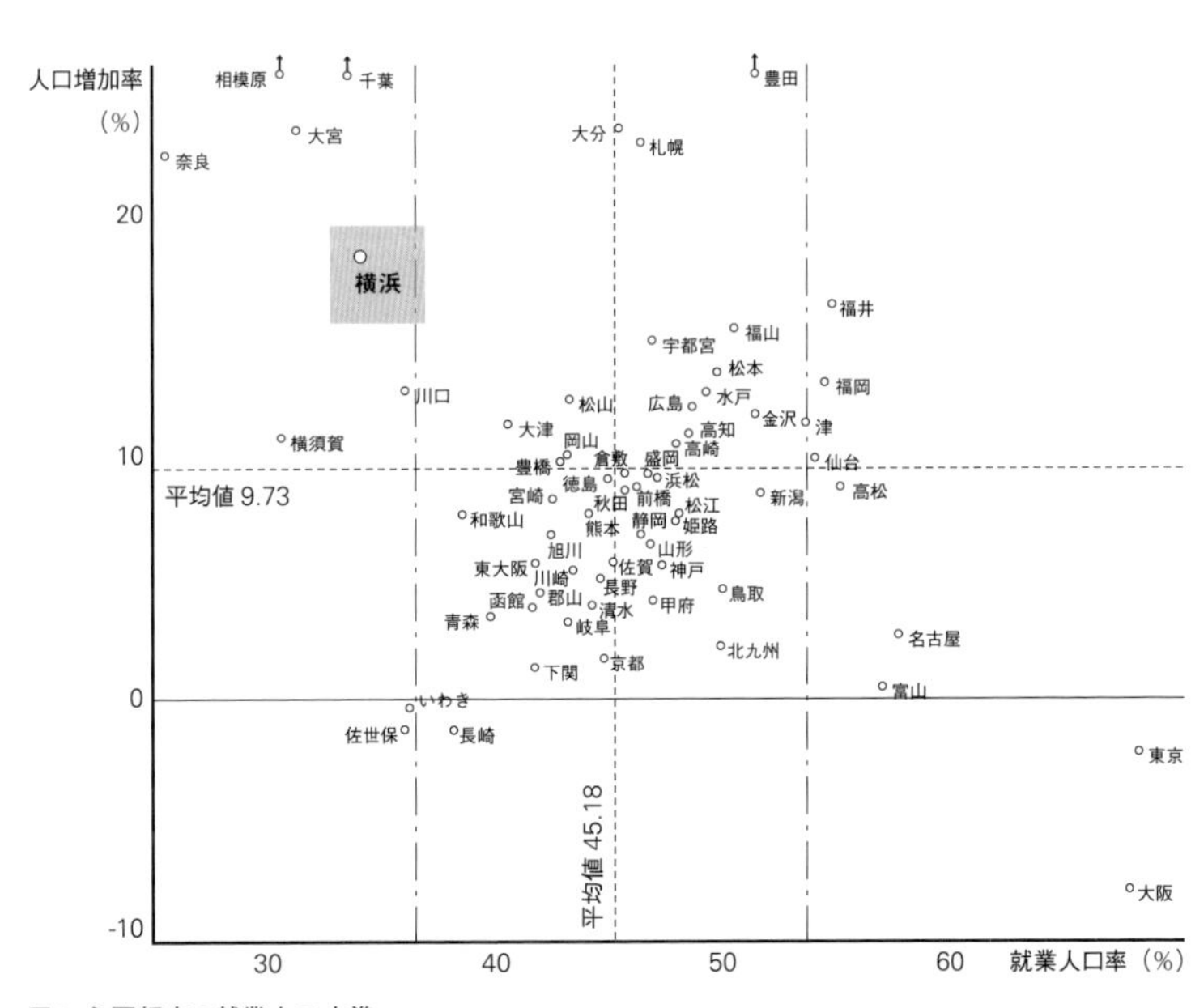

図6 主要都市の就業人口水準

目標年次に、三八万人の就業人口を何らかのかたちで政策的に誘導することにしたのである。

この政策的誘導就業人口の受け皿については、〈みなとみらい〉地区をはじめ、新横浜駅前地区、港北ニュータウンセンター地区、戸塚駅前地区等いくつかの計画開発地が想定された。それぞれの地区の規模、地区特性を考慮して収容力としての就業人口を求め、一定の達成率を設定してそれぞれの地区の誘導目標としての就業人口を算定した。この結果、〈みなとみらい〉地区については一九・一万人となり、この数値が当地区における就業人口の目標値となっている。

(b) 居住人口フレーム

一方で、居住人口については、以下のようなフレーム設定のシナリオを設定した。

i 都心空洞化に対応する

横浜市においても、その都心部においては夜間人口の空洞化現象が生じている。夜間のゴーストタウン化が進み、都市環境としての問題である。そのために、都心地区への人口呼び戻しが望まれる。

横浜都心部（西区、中区）について見ると、昭和四四年から昭和五五年までの間に、両区合わせた居住人口は二三・六万人から二〇・五万人にまで減少している。仮にこの傾向がこのまま進むとすると、昭和七五年には一四・六九万人にまで減少すると推計される。これに対して、市の総合計画である横浜21世紀プランにおいては、人口呼び戻しを意図した目標値として、この時点で両区において一九・七万人の居住人口を設定しており、差分五・〇一万人を政策的に誘導することが必要となる。

都心部において計画的開発住宅地である本牧地区への計画人口誘導、エリアの未利用地の宅地活用、および都心部強化事業対象エリアでの居住人口回復策の実施を行うことで、四・〇二万人の居住人口の誘導が見込まれ、〈みなとみらい〉地区への要請は約一万人となる。

ii居住地環境として

前記のマクロなフレームとともに、居住人口の集団をコミュニティとしてとらえ、社会の一単位として位置付ける。多くの研究、提案においては、主として住宅地形成の段階構成上、一万人という人口規模が適切とされている。すなわち、ある程度の面的広がりを持って、一定のコミュニティを形成するかたちで住宅施設を配置することが望まれる。

iii公益施設、特に学校施設との関係

居住人口を考える場合、常に問題になるのは公益施設、特に学校問題である。一般的に言えば、前記のコミュニティ単位、人口一万人は一小学校区に相当するため、〈みなとみらい21〉地区内に小学校を整備するべきという議論が生じる。しかし、郊外団地等の住宅とは異なり、都心住宅では児童発生率は極めて低い。（港区のマンション事例等）

さらに、隣接する西区の平沼小学校、本町小学校は周辺の居住人口の減少に伴い、将来的にも学童収容力に余裕があるため、基本的には〈みなとみらい21〉地区の住宅に関連しては、新たに小学校を設けることはしない。※

※昨今、〈みなとみらい〉地区および隣接する中区北仲地区のマンション開発に伴う児童数の大幅増加が見込まれているため、横浜市教育委員会は、本町小学校では二〇一八年頃には同校だけでは受け入れられないとして、緊急対策として通学の安全性や距離などを考慮し、〈みなとみらい〉地区の

五七街区に二〇一八年開校予定の小学校「みなとみらい本町小」を建設することとした。ただし、一〇年後には児童数が本町小学校で対応可能な数値に落ち着くとの予測に基づき、期間限定での学校新設であり、当初の計画フレームを変更したものではない。

三-二 複合都心・都心居住の誘導

〈みなとみらい〉計画の基本目標は、ひと言で言えば、横浜の新しい都心を形成することであった。計画目標年次は二〇〇〇年とされ、そこにいかに新しい都心像を描くのか、いわば二〇世紀の都心づくりの到達点、二一世紀に向けての新しい価値観を具現する都心の姿を目指したと言える。

当時、東京を代表する都心としては、丸の内・大手町地区、西新宿地区があり、その他いわゆる盛り場としては銀座、新宿、渋谷等、また新しいかたちでの繁華街として原宿、青山等の街が存在していた。そうした既存の都心の姿を見る中で、二〇世紀を総括し、二一世紀に向けた新たな都心像を描く作業が計画の出発点となった。

既存都心の課題

丸の内・大手町地区は、歴史的な蓄積を背景に、常に我が国を代表する業務都心であった。三一mに軒高規制された統一感を持ったオフィスビル群（一部には絶対高さ規制の廃止から一〇〇m級の高層ビル化の動きもあったが）の持つ風格は、都心としての確たるステイタスを感じさせていた。しかしそこには、業務市街地としての利便性は優れたものがあったが、人々がその場に身を置いて楽しむという都心本来の賑わいは乏しいという課題があった(図7)。

一九七〇年代から新たに計画開発された新宿副都心は、徹底的なスーパーブロック、超高層建築による新しい都心の姿を実現しつつあった。超高層ビルの足元には、小広場や低層棟の店舗なども配置され、業務ばかりに偏らない都心を形成しようとする試みは行われていた。ただし、あまりにも規模の大きな街区形成と超高層建築の林立によって、ヒューマンスケールの賑わいを生み出すことには必ずしも成功しているとは言えなかった(図8)。

一方で、銀座や新宿、渋谷さらには新しい都心としての原宿、青山などの繁華街には、様々な機能が複合し、雑多ではあるが複層的な奥行きのある楽しさが存在していることも事実であった。ただし、その空間はあまりにも煩雑であり時に醜悪でさえあった。〈みなとみらい〉地区という計画的に整備する市街地の中にあって、そうした自然発生的な街の魅力をいかに制御しつつ誘導することができるのか?

既存の都心のあり方に対する問題意識の上に立って、二一世紀に向けての新たな都心像を描くキーワードは「複合都心」という概念であった。それは、そこに様々な活動が展開されるという意味で、「機能の複合性」であり、また魅力的な活動の場を設えるという意味で「空間の複合性」の追求であった。

〈みなとみらい〉が描く都心像

当時の報告書には、〈みなとみらい〉地区のあるべき都心像として、いくつかの基本的なイメージが語られている(みなとみらい21基本計画調査(3)報告書：昭和五八年三月)。

図7 丸の内・大手町地区(当時)

(a) コンプレックスシティ

〈みなとみらい〉地区は、全体としては業務を中心とするいわゆるＣＢＤでありながら、そこになるべく多くの街の相を複合化していることが望まれる。多様な相が、それぞれに魅力を主張しつつ全体としての秩序が保たれる街、それがコンプレックスシティである。

(b) 人が住む都心の賑わいと安らぎ

都市とは、人が住む場であるという基本に立ち戻り、都心と言えども単一機能に特化するのではなく、多様な機能の複合化を図ることとし、その中で住宅も積極的に取り込んでゆく必要がある。住宅に要求される様々な性能と周辺集積との調和を図りつつ、新しいかたちの都心住宅を提案することによって、人が住む都心の賑わいと安らぎを演出する。

(c) 高密度な都心の中のオープンスペース

高密度な施設集積によって形成される〈みなとみらい〉の都市空間が、緊張感あふれる都心空間として魅力を持つためには、建築物の残余空間としてではなく、積極的な意味を持った、安らぎを感じられる魅力的なオープンスペースが設けられることが必須である。水と緑にあふれたオープンスペースの確保を、この街では街全体の取組みとしてルール化することを考える。

(d) 海を感じる街

都心と海とが、これほどまでに近接しているということは、港町横浜の特権である。街の中から海が感じられる、垣間見られる船影、潮の香り、感じられる空間の広がり等、この街の魅力を形成する上で海の持つ意味は大きい。そしてその個性を際立たせるために、街づくりの誘導においても、海へのビスタの配慮、建物のスカイラインの誘導等によって、

図8 新宿副都心

特に海から見たときのこの街のシンボリックな美しい都市景観を形成することを目指す。

(e) 街並みの個性

〈みなとみらい〉地区においては、計画的につくる都心の利点を生かして、街全体としての端正で風格ある佇まいを創出することに価値を見出す。建築物が単体として個性を主張するより、街並みが全体としてある主張を行い、建築から街へ、より大きな個性に昇華されることによって、この街づくりの行為の文化的価値をより高いものにすることができる。

(f) 先進的な都市システムの導入

都市の生活は技術に支えられている。技術は常に革新されるし、時には技術自体が、人間の生活にとって必ずしも善であるとは限らない。その意味で技術の導入には十分な慎重さが必要であろうし、時代の限界を意識することも必要である。とは言え、先進的な都市システムは、新都心を支えるインフラとして十分に魅力的であり、基本計画においてもいくつかの技術については、街を支えるものとして、積極的に導入することが想定されている。

こうした街のイメージ〈〈みなとみらい〉の都心像〉の検討を踏まえ、その像を具体的に創りあげていくために、街の環境形成要素の整理とその誘導の手法についての検討を経て、「みなとみらい21街づくり基本協定」および「街づくり基本協定ガイドプラン」の策定を行った。

複合都心の想定

導入すべき機能・施設を体系的に整理するために、地区への機能・施設導入の目標を定め、横浜市における整備水準等から見込まれる需要把握を行った。そのようにして設定した地区への導入施設量をベースに、床需要、土地需要、就業人口の見込み等を算定して、計画の全体フレームに結び付けている。

都心居住

都市構造の面からは、都心部における居住人口の減少が夜のゴーストタウン化、社会ストックの遊休化、コミュニティの崩壊等の都心の空洞化を生み出しており、大きな社会的ロスとなっている。さらに、都心そのものの市街地環境という側面からも、昼夜、曜日によって極端に環境が変わる都心よりも、日常の生活が感じられるような生活感がある都心が魅力的だと言う考え方も強い。一方で、住宅の側からも、通勤の利便性や都心の生活を評価しそこに住みたいと考える層が確実に存在する。

そうした様々な要請を受けて、〈みなとみらい〉地区における住宅計画は立案されている。ただし、住宅にはそれ特有の環境、プライバシー等の立地要件があり、時に業務施設との競合も起こり得る。そのために、住宅配置については慎重な配慮が求められる。計画では住宅建設許容街区を設定し、住宅についてはエリアの海寄りの街区に限定している。

三－三　湾曲した埋立て法線

計画始動当時、エリアには旧来の埠頭、造船所、貨物駅およびヤードが立地していた。

計画は、これらの老朽化・旧弊化した機能を再開発して、新たな都心機能へと転換しようとするものであった。またエリアは都市計画上臨港地区に指定されており、都心機能導入による都市的土地利用に転換するためには、臨港地区の解除という問題があり、それは管轄する行政官庁の役割分担に絡む一種の縄張り争いの要素も含んでいた。

そのような状況下、横浜市の主導のもとに、国の各省庁、関連機関等が一堂に会して、総合的なプロジェクトとして計画検討を進めたものが、当時の「横浜市都心臨海部総合整備計画調査委員会（通称、八十島委員会）」であり、その成果が現在の〈みなとみらい21〉事業の出発点となっている。

海面埋立ての必要性

計画対象地は、既存機能の要請に応じて複雑な土地形状をなしており、新たな土地利用を構想する上でも土地整序の必要性はあり、また事業を考える場合には、採算性の視点から一定程度の埋立ては必要であった。

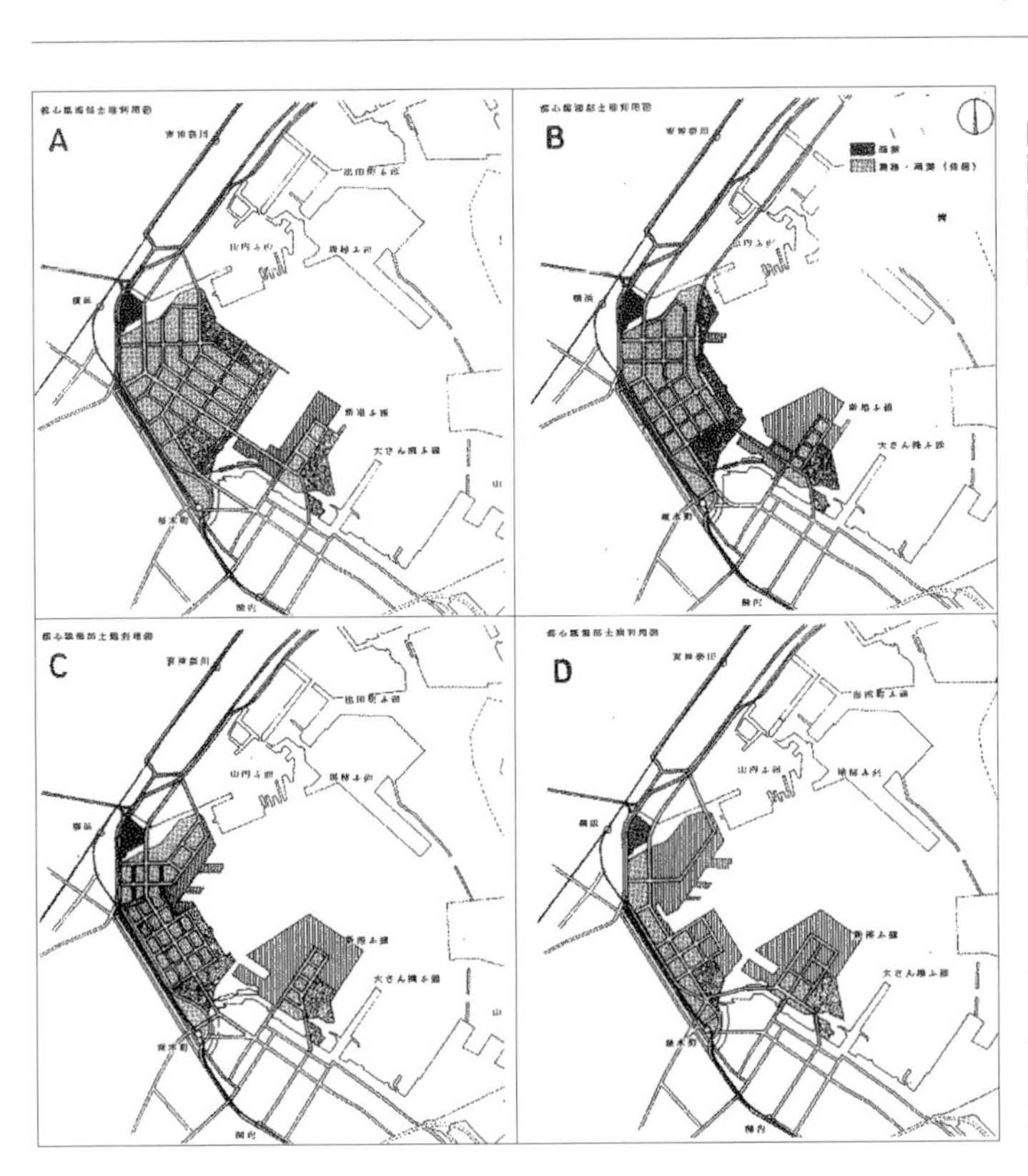

図9 機能配置パターン（A：都心業務機能優先案、B：都心業務機能＋市民的港湾機能バランス案、C：既存港湾機能の維持・改善案、D：港湾機能近代化再整備優先案）

〈みなとみらい〉地区における土地需要については、目標とした地区の計画人口フレームを満たすことを前提に、モデル的なプランを比較検討する中で一定の方向性を見出すこととした。

検討作業は、以下の視点から行われた。

まず、〈みなとみらい〉エリアにおける機能配置の考え方のバリエーションである。この作業においては、A案からD案の四つのモデル的なパターンを設定し、それぞれについて一〇項目の評価の視点から評価し最終的な総合的評価を行った（図9）。

設定された四つのモデルプランは以下の通りである。

・機能配置のパターンと埋立て計画

A案：都心業務機能の集積を最優先する案で、埋立て面積も大きい。

B案：基本的にA案と近いが、港奥部における市民利用港湾機能を保全する案。

C案：既存の港湾機能の維持改善を図りつつ、内陸側には都心業務機能を集積する。

D案：港奥部の港湾機能の近代化を図り再整備するとともに、内陸部に業務機能を配置。

これらの案について、以下の一〇の視点からの評価を行い、最終的な方向性を設定した。

①就業人口フレームとの関係　②港湾施設の考え方
③土地利用・都心形成上の課題　④整備すべき機能への対応性
⑤埋立て法線の形状・埋立て面積　⑥交通体系、道路計画として
⑦交通計画、鉄道計画として　⑧オープンスペース・水際線の利用
⑨事業主体・事業手法　⑩事業採算

項目によって評価は分かれる部分もあるが、総合的な判断の中で、機能配置のパターン

としてはB案を評価することになった。その上で、土地需要、埋立て法線、幹線道路網等の諸条件を考慮して計画案としてまとめたものが、八十島委員会での基本構想案であった(図10)。

横浜市中間案(一九八一案)に向けて

八十島委員会案から翌年の市中間案に向けて、埋立て法線計画として大きな変更が加えられた。すなわち、直線的護岸から湾曲した護岸への変更である。

港湾エリアとして、埠頭を中心に直線的な法線で形成されてきたこれまでの港に対して、都市と海との接点にはもっと多様な表情があってもよい。特に再開発される都心部の海、都市的港湾のあり様としては、より豊かな市民と海とが接する場を演出したい。横浜の都心では、唯一山下公園が臨海部の市民の憩いの場になっているが、それに匹敵し、かつ新しく形成する都心に相応しい水辺を創ることが求められている。

地区は横浜港の最奥部に位置し、横浜航路の正面にあたる。地区からは横浜港の玄関に架かる美しいベイブリッジを眼前に見ることになる。地区は、世界に冠たる横浜港の中でも最もシンボリックな位置にあり、世界に誇り得る優れた都市景観、港の景観を創りだすには極めて相応しい場である。

こうした地区の優れた資質を評価し、公園緑地としての水際線の利用を想定しながら、埋立ての法線計画としては、その特質を最大限生かすことができるような形状を追求した。世界の美しい港町、たとえばシドニーやボストン、バンクーバー等の都心部の海の景観に勝るとも劣らない優れた都市景観を創出する場として、緩やかにカーブを描いた水際線を

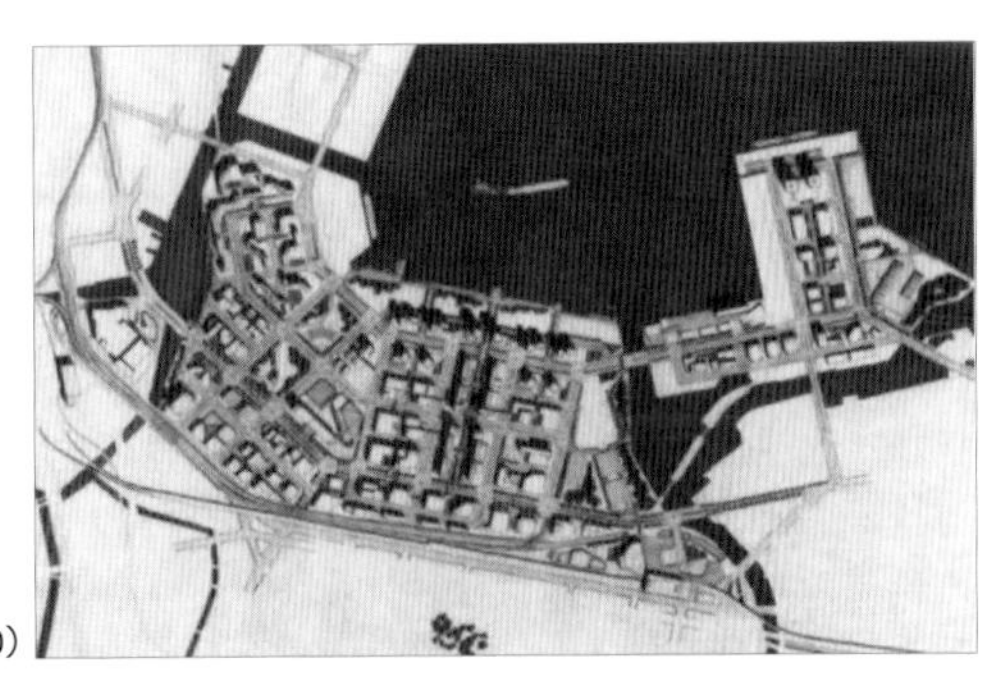

図10 八十島委員会案(1980)

提案した。カーブを描くことによって、山の内埠頭から新港埠頭へ至る都心部の海の一体的なまとまりを強調し、また水際線に佇む人にとっても、海を介して都心の集積を振り返るという、まっすぐな水際線では味わえない魅力を与えることを意図した。

さらに、この臨海公園（緑地）の水辺には、たとえば国際会議場のような極めてシンボリックな施設を配置することによって、いっそうその効果を高めることを考える。この施設を中心に、高島側、新港側それぞれに緩やかなカーブの水際線が配置されている（図11）。

現マスタープランへの変転

横浜市中間案以降、法線を規定しているいくつかの条件が変化することによって、埋立て法線計画も変更されることになった。主な変更条件は以下の通りであった。

①帷子川放水路の整備：河口部での水路幅を確保する必要が生じ、その分高島側の法線形状の再検討が必要になった。

②港湾サイドの土地需要：港湾計画の改定作業の中で、市中間案において想定されていた水際線利用の各種施設の変更、また、国際会議場に展示場を加えた臨海部における港湾的施設の検討に伴う土地需要もより大きなものとなった。

③ベイブリッジを意識した法線：市中間案においてもベイブリッジの存在は意識されていたが、その港のシンボルとしての価値をより積極的に評価し、地区の水際線がより直接的にベイブリッジに向き合うかたちを考えたいという意向が提示され、水際線の形状を見直す一つの要因となった。

以上のような状況を踏まえ、埋立て法線の再検討を行った。エリアに要請される機能を

図11 横浜市中間案（1981）

A

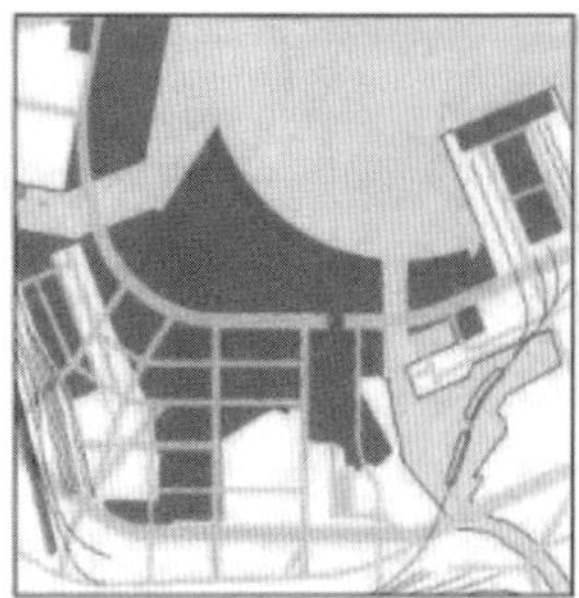

・河口部の線形に無理がある。
・単曲線なので海の広がりが強調される。

B

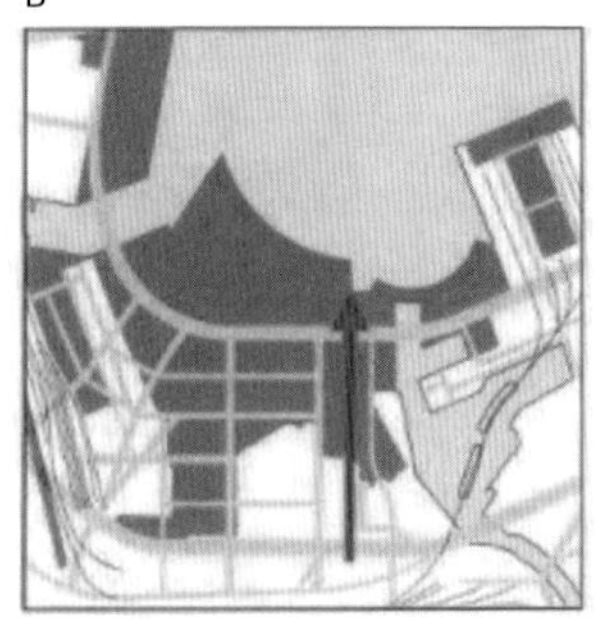

・河口部の線形に無理がある。
・2曲線が出会うところでシンボル性が生まれる。

C

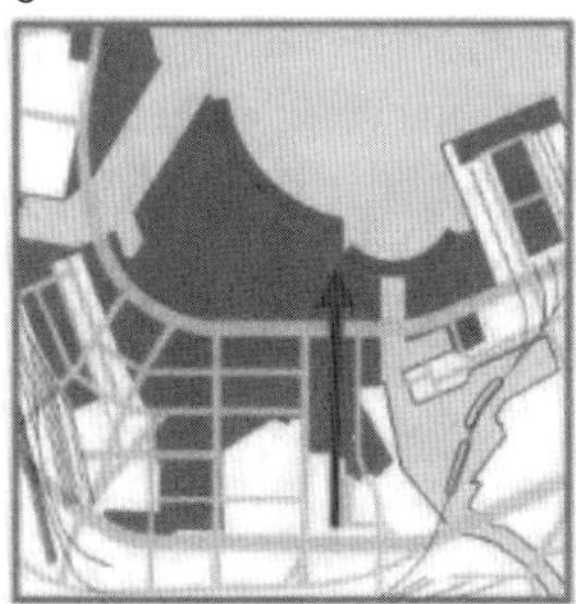

・埋立て面積が最大量（中間案に比べて10ha増）。
・都市中心部から海が遠くなる。

D

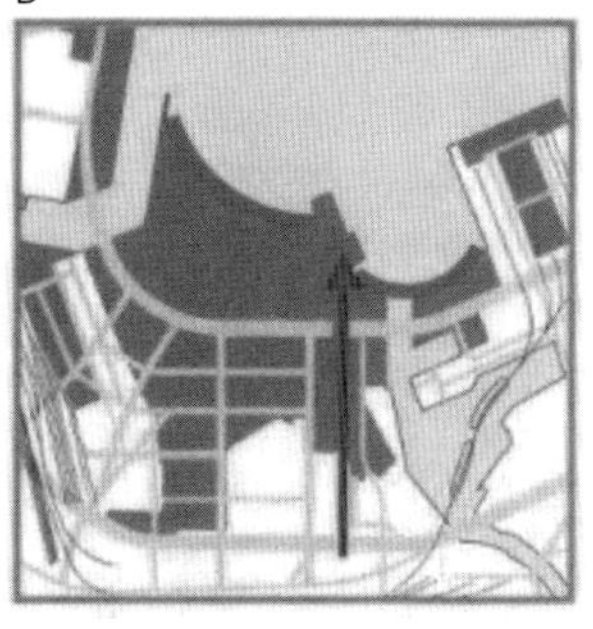

・2曲線が出会うところでシンボル性が生まれる。
・主曲線がベイブリッジに向いていない。

E

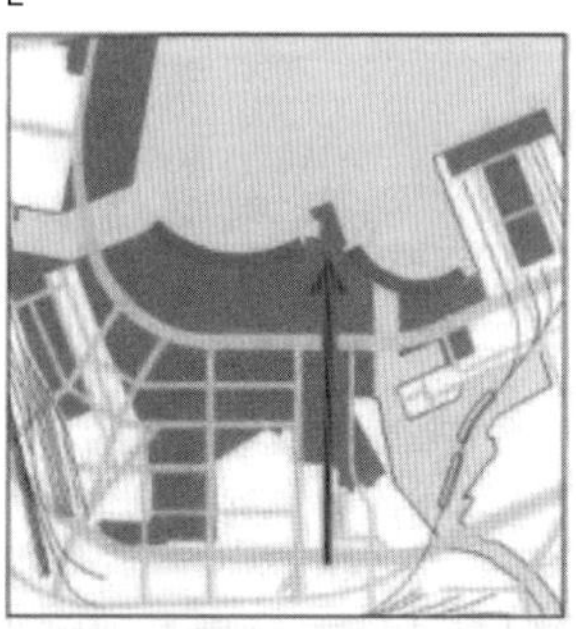

・帷子川の拡幅による埋立て地の減少量を回復できない。
・主曲線がベイブリッジに向いていない。

図12 修正埋立て法線パターン

満たし、土地需要に応える中で、埋立て法線の設定の大きな視点は、高島から新港までの水際を一つの曲線で結ぶのか？　あるいはシンボリックな施設を中心に二つの曲線で結ぶのか？　という選択であった。

具体的にはA～E案のパターンを設定し、それぞれの得失を比較評価した（図12）。相反する評価もあるが、前記要請に無理なく応える案として、パターンCが選択され、以後のマスタープランの基礎となった（図13）。

この案で指摘された課題は、港湾サイドの土地需要に応えて水際線を大きく張り出し、またベイブリッジに向けた法線としているため、結果として街と海との間の距離が大きくなってしまったという点がある。山下公園のように、公園を介して海と街が近接して立地し魅力的な臨海空間を形成している姿からは遠いものになってしまった。

三-四　歴史的資産の保存活用

〈みなとみらい〉の都市像として掲げられた三本の柱のうちの一つが、「水と緑と歴史に囲まれた人間環境都市」であった。新しく埋め立てられ形成される新都心だからこそ、そこに残された数少ない歴史資産については、これを積極的に保存活用し、街の個性とすることが構想された。

もともとこのエリアは、横浜港の中枢を担っていたエリアであり、新港地区はいわゆるセンターピアとして港の中心的な存在であった。さらに隣接する横浜ドックは、港を支える主要な施設としての歴史を担ってきていた。また、ここは我が国鉄道の発祥の地でもあ

図13　現在のマスタープラン

り、豊かな歴史的背景を持った地区であった。開発によって具体的に残されるものは少なくても、この街を考える上で歴史資産の保存活用は有効な戦略であったとも言える。

赤レンガ倉庫

新港地区は、我が国初の近代的港湾として明治期に建設が始められ、大正六年の完成以来、横浜港の中核的埠頭であった。港湾機能の近代化、大規模化の流れの中で物流機能としての役割は終わり再整備の対象エリアとして〈みなとみらい〉計画の一端を担うことになったのであるが、そこに残された数々の歴史的遺産、港の情景とも言うべき独特の雰囲気は、横浜都心にあって貴重な存在であった。

中でも二棟の赤レンガ倉庫は、明治期を代表する我が国でも貴重なレンガ建築であったが、〈みなとみらい〉計画着手当時、ほとんど利用されず放置された状況であった。八十島委員会に先立つ昭和五三年、五四年に「新港埠頭レンガ上屋調査・横浜市港湾局」が行われ、倉庫の実測調査による図面の作成、保存利用計画の検討が行われた。この時点から、二棟の倉庫の保存活用、周辺の公園（緑地）利用の方向性が検討されていたのである。

〈みなとみらい〉計画では、八十島委員会案の当初から赤レンガ倉庫（図14）を含む一帯は、赤レンガパーク（図15）として計画され今日に至っている。事業的には、レンガ倉庫敷地および建物については、市が国から取得し（周辺のパークエリアは国有地のまま）整備事業が進められた。平成六年には倉庫の改修補強工事が行われ、利用計画としては、1号倉庫を市民文化活動の拠点施設、2号倉庫を店舗、飲食店が入居した賑わい施設として活用している。

図14　赤レンガ倉庫

図15　赤レンガパーク

事業主体は横浜市であり、1号倉庫については公益財団法人横浜市芸術文化振興財団が、2号倉庫については㈱横浜赤レンガが運営を担っている。

平成一一年の新港地区街開きに際してパークの一部をオープン、平成一四年には施設オープンしている。

赤レンガ倉庫は、〈みなとみらい〉にあっても、最も成功した施設の一つであると言ってよい。それが一般市民に広く人気がある理由はいくつかあるだろうが、その建物の持つ風格、歴史的建築物の持つ圧倒的な存在感によるところが大きい。

汽車道

大岡川河口、旧横浜造船所と新港地区および北仲地区に囲まれた三角形の内水域（これを帝産プールと呼んでいた）を飛び島のように渡って、桜木町から新港地区への鉄道が敷設されていた。これは新港埠頭建設当時、埠頭に設けられた旅客ターミナルへアクセスする通称ポートトレインの路線であり、また新港地区の物流を担う臨港鉄道でもあった。

八十島委員会当時から、この海の中道のようなルートは、桜木町から新港地区へ至るプロムナードとして構想されていたが、具体的な事業化の視点はまだなかった。

〈みなとみらい〉計画を進める中で、平成三年度、「新港地区土木産業遺構調査：横浜市港湾局」が行われ、新港地区における多様な歴史資産の悉皆調査として、現況把握、保全活用の方針の検討が行われた。

対象分野は、建築物（上屋、倉庫、発電所、公衆便所等）、産業遺構（護岸、防波堤、ボラード、クレーン等）、土木遺構（道路、舗石、鉄道、橋梁等）、景観（港として特色ある景観）および文献調査であった。

こうした調査を経て、新港地区歴史資産台帳が整理され、評価の視点としてはAランク：ぜひ残して活用を考えるべき対象、Bランク：部分的あるいは移設等の工夫を考えるべきもの、Cランク：台帳を作成して記録保存するもの、とされた。

この評価を受けて、具体的な開発計画の中で保存活用が図られている事例は多い。

- 二棟の赤レンガ倉庫：赤レンガパークの中で保存活用
- 新港埠頭の各号岸壁：埋め立てられた部分以外、原則として現状保存されている
- 象の鼻地区の旧護岸：象の鼻パークとして整備、防波堤の復元整備
- 万国橋関連橋台、護岸：現状保存
- 港1、2、3号橋梁、橋台、護岸：汽車道として保存活用
- 大岡川関連護岸：現状保存
- 臨港鉄道関連施設（プラットフォーム等）：赤レンガパークの中で一部保存
- 五〇トンクレーン：埠頭先端において現状保存
- 新港地区に残る舗石：大部分は撤去されたが、赤レンガパークに関連して保存

こうした中で、象の鼻防波堤の復元保存を行った象の鼻パークの整備（図16）、およびかつてのイメージプランに歴史的評価を加え実際にプロムナードとして整備（緑地）した「汽車道」の整備（図17）は、大きな成果であった。

横浜造船所1号、2号ドック

横浜造船所の歴史は古く、横浜港整備の動向と期を一にしている。造船所の設立は明治

図16 象の鼻パーク

図17 汽車道

二四年であり、その主要施設であるドックは、1号ドックが明治三二年の開渠、2号ドックが明治三〇年の開渠である。現存する我が国最古の商用ドックであり、相州堅石を積み上げたギリシャ・ローマ建築を連想させる稀有な石造建造物であった。

〈みなとみらい〉計画の当初から、この二基のドックを保存活用することは構想されていたが、八十島委員会案ではこの二基は緑地の中に保存される計画になっていたのに対して、市中間案では街路形状の変更に伴い、一基（1号ドック）は緑地の中に（図18）、もう一基（2号ドック）（図19）は街区開発の中に取り込んで保存活用するかたちに変更された。

1号ドックについては、緑地（日本丸メモリアルパーク）の中に現地保存され、そこに帆船日本丸を誘致することを条件に、昭和五八年緑地全体を対象としたコンペが行われ、三菱地所案が選定された。昭和六〇年に一部供用が開始されるが、ドックに係留された帆船日本丸と隣接して設けられたマリタイムミュージアム（現横浜みなと博物館）が一体となった個性的な緑地が形成されている。

一方2号ドックについては、25街区と呼ばれる街区開発の中で保存活用されることになったが、それに際して位置の移動と若干の短縮が必要となった。そのため、解体復元のために綿密な文化財調査が行われ、現物の詳細な現況調査と文献による歴史的評価のための調査が行われた（『旧横浜船渠第2号ドック解体調査報告書』三菱地所株式会社、平成3年）。

開発計画においては、全体を東北方向に約三〇m平行移動し、全長を約一〇m短縮して街区内に設置している。ドライドックの形状を生かした地下広場として整備し、時に屋外のイベント広場として活用し、壁面の背後には商業・飲食施設を設けて、極めて個性的な賑わい空間を創りだしている。

図19
2号ドック保存活用

図18　1号ドック保存活用

三－五　都市軸とペデ計画

〈みなとみらい〉地区の都市の骨格は、基本的には周辺市街地の持つ既存の軸線を素直に受け入れ、スムーズなかたちで連携する道路、街区形成のパターンによっている。

二本の幹線道路は、内陸部において関内地区（北仲地区）から既存の市街地の軸線を踏襲するかたちで〈みなとみらい〉地区に導入され、既存の鉄道（根岸線）の軸に沿いながら横浜駅周辺部（ポートサイド地区）に至る栄本町線（通称〈みなとみらい〉大通り）と、ほぼそれと並行に臨海部を新港地区から山の内地区へ至る臨港幹線道路（通称国際大通り）として整備され、それらを結びながら基本的にグリッドパターンをとる区画街路が設けられている。

こうしたいわば平板な道路計画の中に、強い「歩車分離」の思想に裏付けられた、歩行者の主要動線としての「都市軸」という考え方が導入されている。

三つの都市軸

ここで言う「都市軸」とは、歩行者の活動の場として街を貫く主動線であり、街の賑わいがそこに集約されるという意味で、まさに都市の軸となるものである。

八十島委員会当時の案においては、この「都市軸」は必ずしも明確に意識されてはいなかったが、市中間案において、初めて既存の鉄道駅（具体的には開発が先行するであろうと考えられた桜木町駅）から、海辺のシンボリックな施設に向かう明快な動線とそれに伴う街区形成、また地区中央部を縦断する歩行者軸とが提案された。

図20　クイーン軸（25街区内）

図21
クイーン軸（24街区内）

その後現在に至るマスタープランの中では、軸の位置付けはより明快になって、既存の鉄道駅から海へ向かう二本の軸（横浜駅からのキング軸、桜木町駅からのクイーン軸）と、地区中央部を縦貫する壮大なスケールの逍遥空間（グランモール）とが設けられている。

これらの軸は、それぞれの立地環境に応じて特性を有している。

初めに整備された桜木町駅から海辺先端の国際会議場に至る歩行者軸は、25街区、24街区という大規模街区開発の中央を貫き、隣接する商業施設や上部に設けられた業務施設等へのメインのアクセス空間になって賑わいの中心軸となり、街区整備と一体的に建設された屋内空間（インナーモール）となっている（図20、21）。

一方、横浜駅側の開発は遅れており、駅からの地区へのアクセスは未整備の部分も多いが、こちらも駅から海側の施設への主要動線という意味では同様である。ただし、そのルートには公園が整備されておりまた周辺には住宅街区があることもあって、こちらは建築的なインナーモールではなく、土木的なオープンモールが想定されている。

駅から海辺へ向かう二本のモールが、いずれも街区開発の中で整備される空間であるのに対して、地区を縦貫するグランモールは、公共空間（公園、緑道）として整備される点に違いがある。この空間は、高密度に開発される〈みなとみらい〉地区の中にあって、ゆったりとした逍遥空間を形成するものであり、環境形成に資することが期待されている。徐々に隣接する街区の開発が進み、超高層ビルの足元ながらヒューマンスケールの店舗等が面して、フロントにはオープンカフェ等が営まれる等、この軸に期待した街の活動が生まれつつある。

この三つの都市軸を象徴的に「キング軸」（図22）「クイーン軸」「グランモール」（図23）

図22 キング軸

図23 グランモール

と称した。言うまでもなくこれは港町横浜を象徴している三つの塔、キングの塔（神奈川県庁）、クイーンの塔（横浜税関）、ジャックの塔（開港記念会館）に由来しているのだが、グランモールはジャックと称するにはあまりに規模が雄大であることから、こうした呼称になった。

歩行者空間のネットワーク

前記の三つの都市軸を含めて、〈みなとみらい〉地区では、歩車分離の思想が計画の基調となっている。

機能的に見れば、地区の街路計画は基本的に単純なグリッドパターンであり、歩行者にとってはその街区規模は大きすぎるきらいがある。利便性の高いショートカットという意味もあるだろう。その上で、道路システムに重ね合わせて、人の場としての積極的な意味を持つ魅力的な歩行者空間に供されるオープンスペースのネットワークを導入することが検討された。

〈みなとみらい〉地区において、全面的に立体分離した歩行者空間のネットワークを採用することは、特に街区開発が個別に長期にわたって行われることを考えると現実的ではない。一方で、街区の分割開発が想定される場合、その敷地分割に応じて有効な歩行者空間のネットワーク形成が可能ではないかという議論が行われた。

結果的に街づくりの誘導において、大規模な施設整備の場合の施設内通路として、あるいは敷地分割の場合にその敷地境界線に沿って歩行者空間を確保するというかたちで、一般の街路網（そこに設けられた歩道）を補完する歩行者空間のネットワーク形成が図られることになった。

City in Cityの概念

これらの都心における歩行者空間のネットワーク形成の議論の中で、City in Cityという概念が議論された。

〈みなとみらい〉地区の一八〇haにも及ぶ広がりがすべて同質の街になることはない。自ずとそこには土地利用上の質の違いがあるだろうし、集積の度合いも違う。この街にあっても核となる部分、特に賑わいが想定される部分を「街の中の街―City in City」とし、街づくりの戦略的な拠点として位置付けることが企画された。

たとえばニューヨーク市のロックフェラーセンターのような、あるいはサンフランシスコのエンバカデロセンターのような意味で、〈みなとみらい〉地区における「City in City」をどう設定するのか？

そこでは、車空間と歩行者空間の積極的な分離、活発な人々の活動を受けて重層化した都市が形成される。一つの建物を超え、一つの街区を超えて重層した都市空間が連坦する。具体的には、桜木町駅から動く歩道デッキを介して周辺街区が連なり、25街区において活動が集約される。さらにクイーン軸に沿って24街区を貫き、海辺の国際会議場に至る。またグランモールを経て、隣接する34街区（大規模商業施設）および36街区（横浜美術館）にまで至る広がりを持ったエリアである。

このエリアは、〈みなとみらい〉地区の中でも比較的先行して開発が行われたエリアであり、そこでの市街地形成が、地区全体の整備の規範として大きなインパクトを与えたことは間違いない。また、開発に未着手であるが、横浜駅側からの地区への導入として、開発済みの66街区（日産自動車）に続き、新高島駅周辺の街区において、同様に高度な都市活動が集積した「City in City」を構想することも、今後の地区開発の中では有効な手段となる。

三―六〈MM〉型都市デザイン

〈みなとみらい〉地区開発の一つの特徴は、計画の当初の段階から行政のカウンターパートとして、関係主体の参加のもとに「街づくり協議会」が組織され、「街づくり基本協定」を締結して街づくりを推進してきたことである。その中核にあったのが、横浜市、住都公団（当時）、国鉄清算事業団（当時）および三菱地所を主要なメンバーとして組織された第三セクターである㈱横浜みなとみらい21（当時）であった。

「街づくり基本協定」は、開発の基本方針を定めたいわば開発のバイブルであり、あわせて具体的なイメージをまとめた「ガイドライン」を設けて、開発を誘導したのである。

〈みなとみらい21〉が目指した都市空間

「街づくり基本協定」（図24）においては、街づくりの基本方針として五つのテーマが掲げられている。

①新しい情報、文化を生み出す高密度な都市集積を図る中で、多様な都市活動が効率よく営まれる活力あふれる街をつくる。

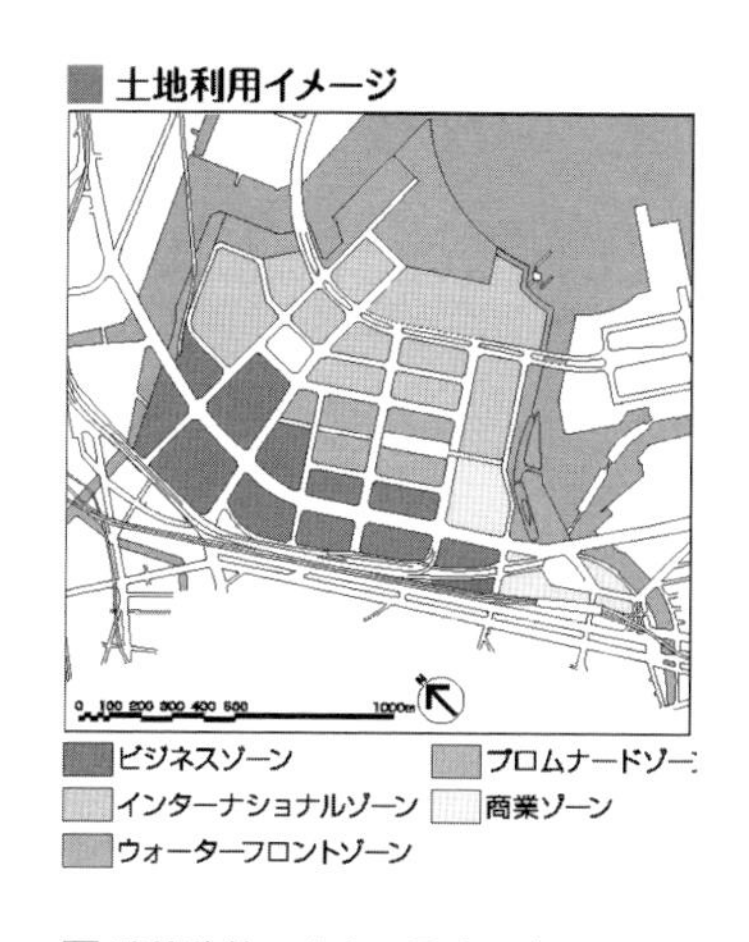

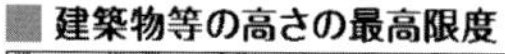

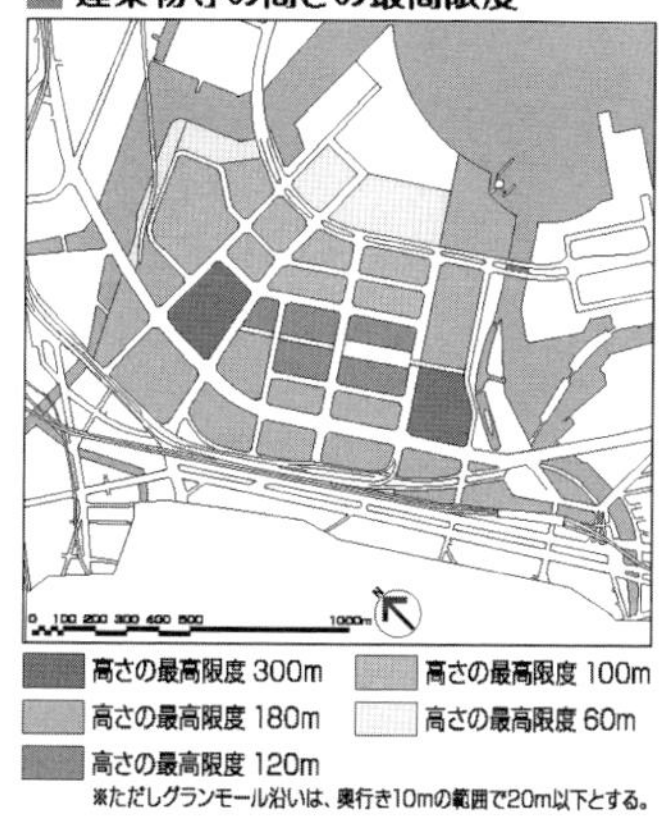

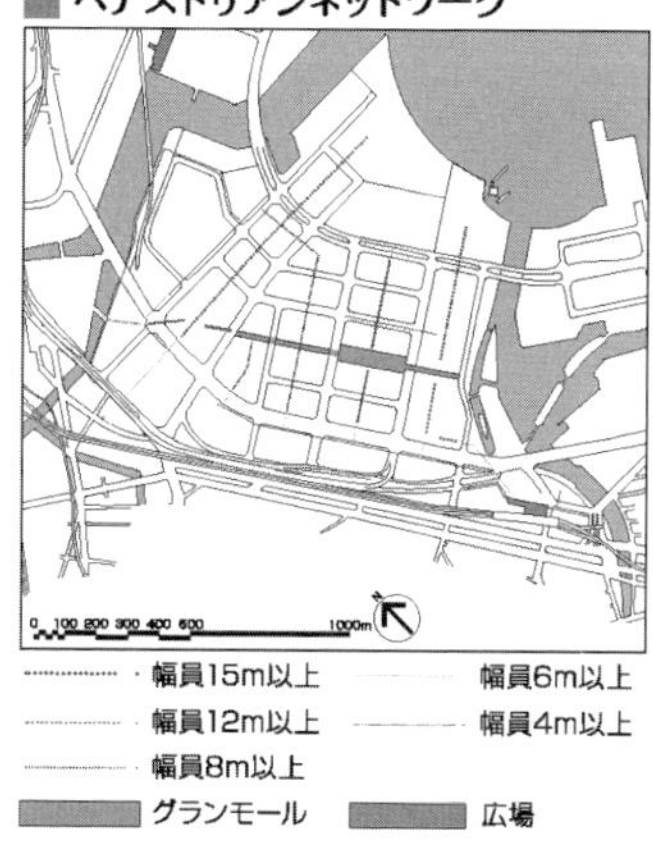

図24　街づくり基本協定

②世界に開く窓としての新しい都市港湾を囲む個性豊かな都心形成を図り、街のどこからも海や港が感じられる新しいミナトヨコハマをつくる。

③質の高い都市基盤整備を図る中で、特に街の主人公である人が楽しく歩きたたずむことができる場が連坦した賑わいのある街をつくる。

④多様な都市活動の舞台として様々な表情を持つ街並みをつくりながら、全体として風格のある、わかりやすく調和のとれた街をつくる。

⑤都市活動を支える先進技術を積極的に導入し、誰もが安心して快適便利に生活できるような街をつくる。

こうした基本方針に沿って、「街づくり基本協定」においては、街の骨格を形づくる基本的な要素として、土地利用のイメージ、敷地規模、建築物等の高さの限度、ペデストリアンネットワーク、外壁後退等についての自主的なルールが定められている。

また、これらのテーマを実現するために、具体的な「街づくりの要素」について、「ガイドライン」ではその基本的な考え方を整理している。特に「都市空間」の視点からは、以下のような諸点が注目される。

(a) スカイライン・街並み・ビスタ

計画された街であるという特色を最大限生かして、魅力ある街のスカイラインを形成。

⇓都市的骨格に沿って、超高層建築物を計画的に配置、ランドマークの形成。

⇓全体的な基調として内陸から海へ向かって徐々に街並み高さを低くする。

街の中から海や港が感じられるように、街の主要なビスタポイントから海に向っての通景空間を設ける。

(b) コモンスペース

都市の屋外空間と建物を結びつける中間領域としての空間（コモンスペース）を積極的に配置する。

⇒原則的に自由に出入り可能、形態的には、通り抜け通路、中庭、建物内吹き抜け空間（アトリウム）等。

(c) アクティビティフロア

街の賑わいを演出するため、建物低層階（これをアクティビティフロアと呼ぶ）においては、原則として店舗、ショールーム、サービス施設等、人々が自由に利用できる施設を配置。特に歩行者空間のネットワーク沿いでは十分に配慮。

⇒街の賑わいが連続するように、また適切なスケール感に配慮。

「街づくり基本協定」においては、こうした基本的な考え方を実現するための基準等を定めているが、具体的な街づくりの推進にあたっては、その計画を〈一般社団法人横浜みなとみらい21〉に届け出、承認を得なければならないとされている。

横浜都市デザインのＤＮＡ

〈みなとみらい〉地区においては、前記のような枠組みにおいて街づくりを誘導していく基本的な体制は整えられていると言えるが、実際にはその仕組みに沿って物事が淡々と進むのではなく、そこに多くのフィードバックがあり、調整作業の中に「人」が介在することは必然であった。

横浜は、六〇年代からの長い街づくりの中で、「都市デザイン」という視点をいち早く確立し、実践してきた歴史を持つ。そのDNAは、〈みなとみらい〉地区における街づくりにおいても、この地区ならではの特性を持ちつつ、脈々と敷衍されたと言えるだろう。いくつかの典型的な実践事例がある。

(a) 建物低層部における機能、形態の誘導

「アクティビティフロア」の実現を目指して、通り、ペデ空間に沿った部分には、一定程度に高さを抑えた建物低層部を設け、なるべく親しみやすいスケール感を実現し、また店舗、飲食店等の市民が日常的に利用できる機能の導入を図っている（図25）。

(b) 敷地奥部における空地の確保

「コモンスペース」を積極的に誘導、特にその配置については、街の活動をなるべく敷地奥深くまで呼び込むために、ペデネットに沿う形で街区内に引き込んで設けるように誘導している（図26）。

(c) スカイラインの形成

計画的に整備された都心として、他では実現できない街全体としての景観的秩序を実現するという意味で、スカイラインの誘導は典型的なテーマであった。ともに大規模街区開発であり、一方は地区開発の主要メンバーである三菱地所が担い、もう一方は開発コンペによるという恵まれた条件にあったことは否めないが、25街区から24街区、さらには国際会議場へ連なるクイーン軸を形成する一連の街区開発は、極めて印象的なスカイラインを形成しており、〈みなとみらい〉地区を代表する都市景観となっている（図27）。

(d) ビスタ空間の確保

協定に盛り込まれた「ビスタ」の対象としては、海が意識されていた。たとえば、国際

図25　グランモール沿い開発における低層部

図26　コモンスペース事例、33街区

会議場と国際展示場の配置計画の中で、両者の配置計画として〈みなとみらい〉3号線の道路軸線上に空きをとって、海へのビスタを確保した事例は見られる。また、特定のランドマークに向けてのビスタの確保ということも大きなテーマである。その典型的な実例として、新港地区の「ナビオス」がある（図28）。この計画においては、地区の主要なランドマークである赤レンガ倉庫に向かって、汽車道から伸びるビスタ空間を、建物の下層部に門型の空間を設けることによって、劇的な形で確保するということが実現された。この空間は、もともと汽車道から赤レンガへ至る鉄道線路敷きであり、記憶としてのレールも計画の中で保存されている。こうした誘導が可能であったのも、開発事業者の街づくりに対する意識の高さもさることながら、一見無謀とも思える誘導事項を粘り強く交渉しながら実現してきた横浜都市デザインに流れるDNAによるところが大きい。

〈みなとみらい〉型都市デザイン

横浜市の都市デザインへの取組みは、一定のルールに則っての誘導を基本としつつも、人的対応によって粘り強く相手を説得していくという点に特徴がある。横浜市は長い経験の蓄積の中で、そうした人材を多く擁してきた。

誘導のためのルール自体についても、〈みなとみらい〉地区においては、地区の特性に合わせて、特例版ルールが工夫されてきている。

一つの典型例として、「市街地環境設計制度」の〈みなとみらい〉版がある。この制度は、市街地の環境形成要素（たとえば公開空地の確保）の充実を条件に、容積率等の開発条件を緩和するいわば戦略的なツールであるが、この制度の運用に際して〈みなとみらい〉

図27　25、24街区スカイラインの形成

図28　赤レンガ倉庫へのビスタ「ナビオス」

地区として実現してほしい空間性能（公開空地のあり方等）に応じて、評価の基準（点数）を変えて、開発者に、〈みなとみらい〉らしい空地確保を誘導することにしている。

また、新港地区においては、かつて横浜港の中核埠頭であった地区の歴史を継承して、中央地区とは違った街のイメージを形成することとし、「港の情景」を基本コンセプトとして、街づくりを進めることとしている。そのために新港地区独自の「街並みガイドライン」を策定し、中央地区とは対比的に地区全体の高さを抑えた誘導を行っている。

この場合においても、制度的には地区計画によって基本的な規定を行いながら、具体的な事業においては、都市デザイン部隊の人的努力によって、誘導が行われている。

三―七　公共施設のデザイン

都市の基盤となる街路、歩行者専有空間、公園・緑地等は、街並みを構成する主要な要素として、街の質を決定する重要な要因となる。〈みなとみらい〉地区においては、それらの公共施設は以下のような経緯をたどって整備された。

公共施設整備の基本理念

一般に、これらの公共施設については、その機能、性能等について詳細に定めた公的な基準が存在し、そのあり方を規定している。それゆえに一定程度の水準を持って施設整備が行われているのだが、逆に言えばその水準はそのレベルでしかない。突出した水準という発想はなく、また個性という視点はない。

〈みなとみらい〉地区が、豊かな個性を持った高質な街として形成されるためには、その公共施設のあり方について、特に形態や構造、景観を形づくるデザインの基本的なあり方を明確にすることが求められた。

公共施設において、応々にして「デザイン」は、機能、性能を満たした上での「化粧」のように扱われがちである。そして、執拗に着飾った造形が、デザインであるかのように錯覚されていることが多い。

公共施設におけるデザインとは何か？ が問われなければならない。都市の基盤となる公共施設が、長い時間生きながらえながら、多くの市民に支持されるためには、デザインは普遍的でかつ強靭でなければならない。デザインの普遍性は、質の高さを前提に、恣意を排した合理性を持ち、それゆえシンプルであるものの中にある。そして強靭性は、いたずらに時代の流れに迎合することなく、一貫した主張を持つものの中に宿る。

公共施設デザイン指針

このような視点に立って、この地区の公共施設のデザインの基本的な考え方を整理することを目的として、昭和五八年、五九年度にわたって、横浜市と住宅・都市整備公団（当時）の共催により「〈みなとみらい21〉公共施設デザイン指針検討委員会」（委員長八十島義之助東京大学名誉教授）が設置され検討が行われた。そしてその検討成果が、「公共施設デザイン指針」としてまとめられた。（図29）

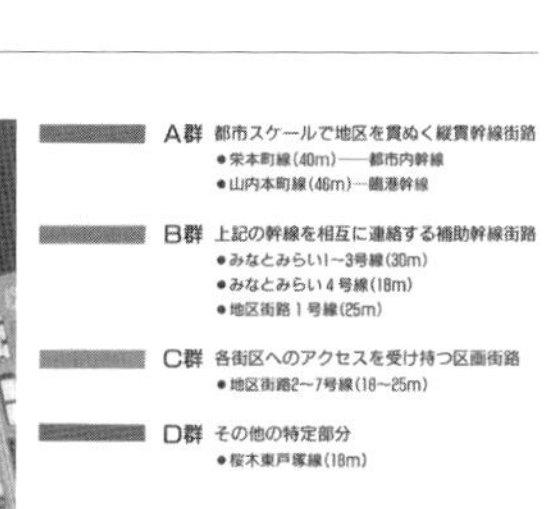

図29 公共施設デザイン指針

指針の対象として扱っているのは、「街路」「橋梁」「歩行者専用空間」である。それぞれの対象について、それらが街の中で果たすべき一般的な役割を整理した上で、〈みなとみらい〉地区における特性を踏まえて、それらのあるべき基本理念、理念を実現するための全体指針、具体的な個別対象についての個別指針というかたちで考え方の整理を行った。

公共施設デザイン調整会議

これらの公共施設は、それぞれの公的整備主体によって設計、建設が行われるが、そのプロセスでこの指針に基づいて調整誘導する仕組みが導入された。すなわち、街区開発、建築物のあり方に関しては、「街づくり調整会議」が「都市デザイン基準」に沿って調整、誘導するのに対応して、公共施設のあり方に関しては、「公共施設デザイン調整会議」が「公共施設デザイン指針」に沿って調整、誘導するという両輪体制が整えられた。

この「公共施設デザイン調整会議」は、横浜市、住宅・都市整備公団（当時）、㈱横浜みなとみらい21および学識経験者（発足当時は中村良夫東京工業大学教授、篠原修建設省土木研究所）によって構成され、事案が発生するたびに調整・誘導を行ってきている。※

結果としての〈みなとみらい〉地区の公共施設デザインについては、一般の市街地の水準を超えて、高質なかつ個性的な展開が図られた。以下、いくつかの典型的な事例について示す。

・**街路**　高質な石舗装の導入、シンプルで格調高いデザイン（図30）
　路線ごとに個性を持たせた街路灯のデザイン（図31）
　路線ごとの物語性を演出した街路樹のデザイン

- **橋梁**　設置位置の特性を踏まえたデザインテーマ
突出した存在感を演出した歩行者デッキのデザイン。動く歩道橋、はまみらいウォーク（図32、33）
- **歩行者専用空間**　地区を縦断するシンボル空間としてのグランモール

※詳細についてはI-四-二参照。

図31　街路照明、灯具デザイン

図30　歩道舗装、石舗装

図32　動く歩道デッキ

図33　はまみらいウォーク

〈みなとみらい〉計画のいわば出発点となった「八十島委員会」には、委員長の八十島義之助東大教授（当時）以下一一名の学識経験者、運輸省（当時）、建設省（当時）、横浜市等の行政機関一六名が参加し、二年間にわたった検討の末「都心臨海部総合整備計画案・通称八十島委員会案」を策定した。建築家として唯一参加した大高正人が基本計画の主としてフィジカルプランの策定を担うことになった。後に大高はある雑誌の中で、「都市や港湾の関係者が多数参加されて、わたしどもは鉛筆役をつとめて計画を提案した」と書いている（『建築画報』一九九三年九月号）。

同誌の中で、大高が若干の特色として述べているのは以下の二点である。「その第1は、湾曲する親水護岸である。東京湾や大阪湾の護岸を見ていただければ分かるように、直線で複雑に構成される護岸で、ひいき目に見ても美しい海岸線とは言えない。湾曲することによって、陸からも、海からも、そして陸からさえも美しく見えて、護岸の存在感が誇張される。みなとみらい21は、湾曲する護岸も、内水面の他の護岸も親水護岸や緑地として残らず市民に提供している。この護岸と、ベイブリッジに囲まれた旧横浜湾は、船の行きかう公園と言ってもよく、東京の宮城をめぐる空間に匹敵する横浜の宝ではないだろうか。

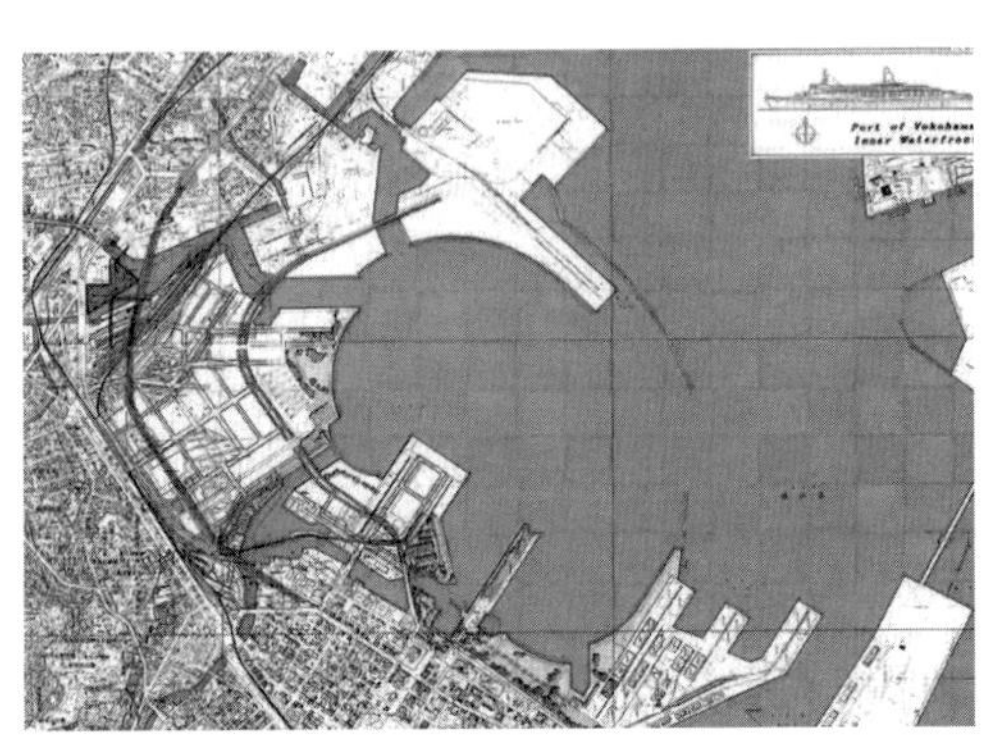

横浜都心臨海の将来像

次に、道路の体系については、別に語られる方が居られると思うので詳細は割愛するが、自動車交通に合わせた大まかな道路配置と、キング、クイーン及びグランモールなどを主とする歩行者のネットワークは、市街地の改善のひとつの方向を示していると思う。

そこには、「横浜の都心構造を意識した都市軸の発想」「徹底した歩車分離を敷衍したペデ軸の形成」「独創的な湾曲した埋立て法線の導入」等、都市づくりにおける大高の思想が色濃く反映されている。

また、都市における公共空間と建築の関係、建築と人間の活動を調和させる具体的な誘導手法については、「みなとみらい21街づくり基本協定」という形でまとめられているが、実際の街づくりに先立ってこの地を舞台として実施された「横浜博覧会（YES'89）」の会場計画を担った大高は、「博覧会場は、日本の建築家が中心になって進めることのできる、例外的な都市設計である」と述べ、博覧会への参加に大きな戦略的な意味を見出していた。

一つには博覧会場での空間体験が新しくつくられる街の歴史の原点として受け継がれ、街づくりを活性化する原動力となるという点であり、また、街における建築のあり方を制御し誘導する仕組みづくりの壮大な「実験都市」となった点にある。

（中尾　明）

横浜博覧会（1989）

四　事業の加速・高度化、そして環境の激変への対応

事業推進体制の最大の特徴は、造船所移転と基本計画を策定していた部門（横浜市企画調整局企画課）が、そのまま自ら事業推進部門になったことである。
そして、当時の横浜市長提案の六大事業が推進された。
六大事業の中心的な位置を占めるのが都心部強化事業であり、
その最後の課題が〈みなとみらい21〉事業であった。
〈みなとみらい21〉事業の特性の一つが、
公共セクターと民間セクターが協力して目標を堅持し、事業を進めていくことである。
公民協働のトップランナーとして機能してきたと評価されている〈みなとみらい21〉（現在社団法人）と
「街づくり協定」は、どのような場面で、いかなるプロセスで役割を果たしたのであろうか？

四-一　計画推進者が事業推進者に

〈みなとみらい21〉事業の目的は、三菱造船所跡地開発計画を策定した一九七一年から
二〇一六年の現在まで変わることなく、
①〈みなとみらい21〉地区内の工業・物流機能を地区外に移転し、土地利用を商業・業務・住宅に転換。

②移転跡地に都心に不足している街路・公園・美術館などインフラ・公共施設を整備。

③商業・業務施設を立地させ、就業人口を集積。

であった。

目標を達成するため、企画調整局企画課から生み出された都市計画局〈みなとみらい21〉担当は、実践的都市計画の思想のもと、あらゆるものを実現手段とした。

まず解決しなければならない「工業・物流機能を移転」は、一九八〇年三月の三菱造船所移転協定締結により動き出した。土地利用を商業・業務・住宅に転換させること、およびインフラ・公共施設の整備は、市や国の政策に関わるところが大きい。基本計画策定過程で商業・業務・住宅に土地利用を転換させること、およびインフラ整備主体についての合意が市や国の省庁間で成立していた。市は土地利用規制とインフラ・公共施設に関わる手段を有していたため、そこで主導的役割を果たすことが可能であった。

その一方、「面積八七haの商業・業務用地を開発し、就業人口一九万人の集積」を実現することは、民間が主役であった。市は商業・業務機能の集積をぜひとも進めたかったが、就業人口一九万人の実現は容易ならざる課題であった。

そのため商業・業務用地の開発を担うパートナーを確定することが、最初に解決しなければならない課題であった。

商業・業務用地開発のパートナーの確定

一九八〇年三月に決定した「三菱造船所移転」の概要は、「一九八五年三月に移転完了、市の所有する金沢埋立地を造船所が移転先として買い取る」である。まだ稼働している工場を移転させるため、その移転後の跡地を買収する主体、移転補償方式の確立が急務となっていた。

市は、一九七〇年より三菱重工跡地開発について意見交換をしていたが、一九八〇年七月に三菱地所に対し、跡地買収の協力要請を行う。その背景は、「造船所は、ドッグ跡地を売却して、移転費用にあてたい」であるが、同時に大規模ブロック（一～四ha）での商業・業務開発、開発の長期化を考えると、経験と体力のある大手デベロッパーの参画が不可欠と考えられていたからである。市は一九七〇年当初より、民間による開発を想定していたが、その当時の民間へのアプローチは「行政が開発許可の権限により、民間開発を誘導」であったが、一九八〇年には、「公と民が計画段階から共同して事業実施する公民協働」の色彩が強いものとなっている。

商業業務機能が立地するための宅地が必要となるが、この宅地を整備する手法として区画整理事業が導入され、事業者は住宅都市整備公団となった。一九八一年の区画整理法の改正により、同公団は商業業務地の形成による都市機能の更新を目的とする事業（特定再開発事業）を行うことができるようになり、事務所・店舗など建築物への投資も可能となったことによっている。

両者の参画により、商業・業務機能集積のための街区開発の事業主体がようやく確定した。そこで両者の意見も踏まえ、

①商業業務機能の立地を可能にする宅地価格。

②段階的な街づくりが可能となるように、現地盤から事業実施し、埋立て地などを含め順次拡大し、宅地を整備する区画整理事業の方法。

が検討された。

可能なものすべてを実現手段に

就業人口一九万人で示される商業・業務用地の開発規模は、新宿新都心の三倍の規模であり、実現は困難と想定されていた。したがって、その実現のため可能な手段がすべて動員された。通常は、制度に基づく手続きや事業計画に沿ってスケジュール的に進められる「容積率の増大など土地利用規制緩和や動く歩道などインフラ・公共施設の整備」についても、商業・業務用地開発を推進するため手段として活用された。

(a) **インフラ整備は、最大限に公共事業で実施**

・都市計画事業による街路などの整備。
・港湾整備事業による緑地護岸、岸壁、臨港公園、埠頭間道路の整備。

港湾整備事業は、用地を生み出しその売却収入を事業費にあてる区画整理事業や埋立て事業とは別会計で実施されるので、緑地護岸、岸壁、臨港公園、埠頭間道路の整備を商業・業務用地の開発に先行して確実に実施することが可能になった。また、港湾整備事業は、区画整理事業や埋立て事業に対する費用負担を伴わないので、この二つの事業による道路や護岸整備の負担を減少させ、宅地価格の低減化をもたらした。加えて、1号ドック保存の日本丸パーク、動く歩道に代表される従来にない高度な水準の基盤整備が可能となり、開発ポテンシャルをさらに増大させた。

(b) **埋立て面積増による宅地価格の低減**

実施段階（基本計画）では構想（空間利用構想）に比べ、埋立て面積を四一haから七六ha

に、宅地を六七haから八七ha増大している。〈みなとみらい21〉地区では、埋立て地と既存地盤を含む区画整理事業が行われるが、埋立て地の造成コストが既存地盤の評価価格より低いため、埋立て地の増大は区画整理後の宅地価格の低減化をもたらす。

区画整理事業で提供される宅地価格の低減は、同事業で提供される宅地を長期保有することを可能とし、また市場における宅地価格の低下に対する対応力を生み出した。

(c) 臨港地区の解除、用途容積の緩和

・開発以前の段階では、工業地区であり臨港地区であったが、開発後は、臨港地区は港湾整備事業区域で適用され、それ以外の区域では解除した。
・全地域を商業地域とし、容積率を四〇〇％、六〇〇％、八〇〇％とした。
これにより、商業・業務・住宅の立地を促進した。

(d) 美術館・国際会議場などの先行整備

美術館や国際会議場などは、「広域的な施設であり、都心臨海総合整備に相応しい特性と水準であること」を原則とし、民間街区開発の先導的役割を果たすため先行して整備された。後続する民間開発と一体となって街が形成された。

(e) クイーン軸に沿ったエリアでの第一段階の開発の集中化

この事業の最大の難関である「街区の開発」を促進し確実なものとするために、クイーン軸に沿ったエリア（図1）で、第一段階の開発が集中された。街路・公園・動く歩道、緑地護岸などの基盤を街区開発に先行して集中的に整備し、民間による街区の開発が誘導された。なお、このエリアの選定は、北仲再開発地区や関内地区に開発ポテンシャルをもたらす観点からも行われた。

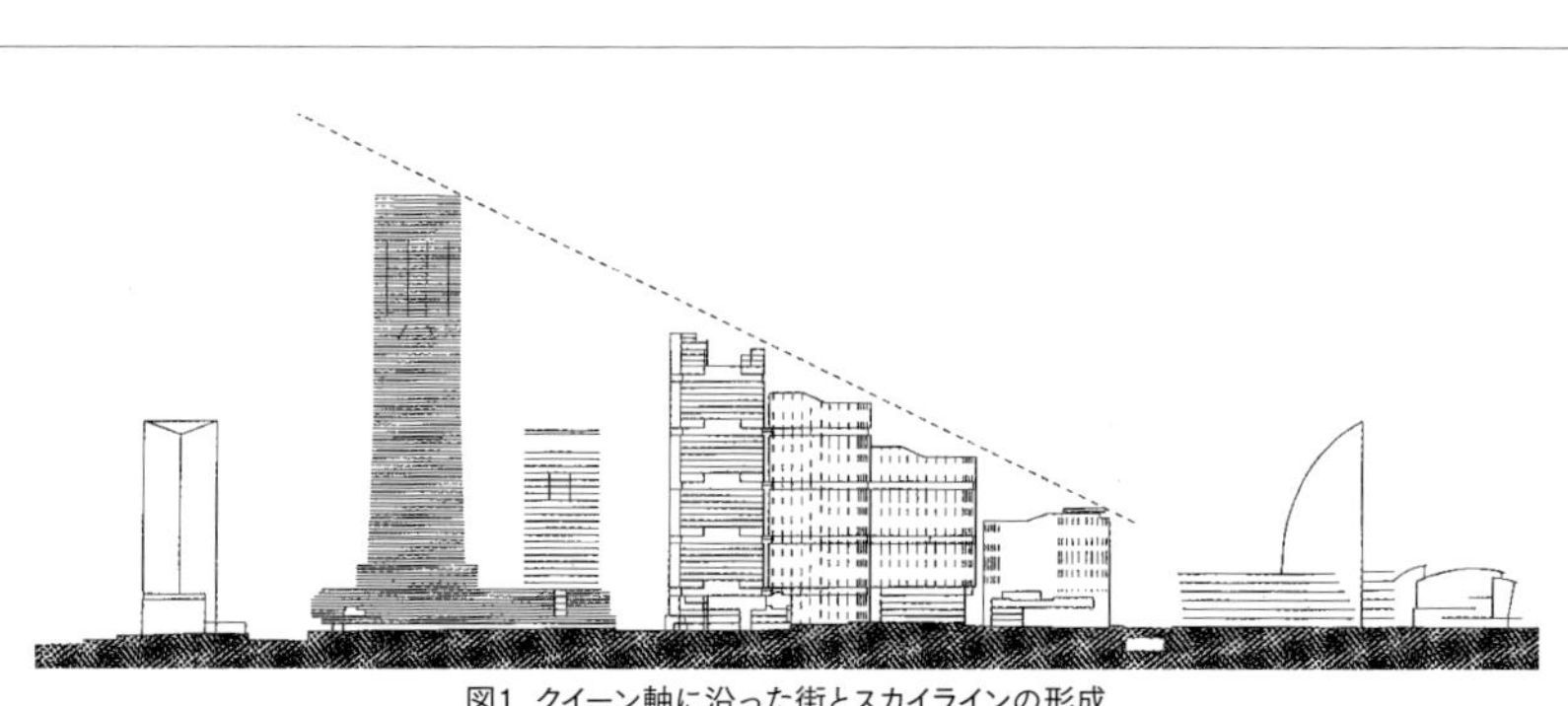
図1 クイーン軸に沿った街とスカイラインの形成

一九八三年に基盤整備事業が着手され、前記(a)から(e)までの推進手法も動員され、商業・業務機能集積の実現性は大幅に高まった。この段階に至り、三菱地所は同年に造船所跡地の大部分を購入し、街区開発の準備を開始する最終決断となったと推定される。

実践的都市計画の普遍性

可能なものすべてを実現手段にする(a)から(d)の方法は、稚内港再開発、サンポート高松、さらには佐世保港三浦地区再開発において、様々に組み合わされて採用されている。佐世保港三浦地区では、駅に直結した港で宅地を生み出し、港湾事業で水際線を整備し、地域で必要な公共施設と商業施設の隣接整備などにより、佐世保駅から港に至る三浦地区の再開発を進めている。

また、港湾再開発だけでなく都市再開発にも、たとえば戸塚の再開発において、〈みなとみらい21〉を経験したスタッフによって採用され、積年の課題を解決し事業着手に至っている。このことは、状況に応じあらゆるものを実現のための政策手段とする方法（田村明氏が言うところの実践的都市計画―固定観念にとらわれない手段方法を考える）は、特殊な例外的な方法でなく普遍的な方法であることを意味している。

川上秀光氏は、巨大都市東京の計画論において、可能性探究の論法という表現で手段の開発・運用について述べている。また、中川大氏は、計画立案のプロセスにおいて、「複雑で難しい問題に対して、その時々に応じた現実的な解決策を段階的に見出す」と述べている。この二氏は、実践的都市計画と同じ問題意識により、近接した考えを示している。

既存の制度や運用によらないだけに政策手段の採用にあたっては、手段・計画・実施について主体間での合意形成が、計画策定や事業実施で不可欠となる。〈みなとみらい21〉の事業実施段階での合意形成を担った広瀬良一氏〈みなとみらい21〉担当部長、担当局長、助役）は、合意形成の難問性を、今までの事業手法の理解の仕方を転換し、複雑な多元多次方程式を解くようなものと表現している。

「事業性を考慮した土地処分価格、業務機能を集積する開発への支援金」は、クイーン軸に沿った開発を行っていた頃より、事業の推進調整者は必要と考えていたが、土地評価と予算を所管する行政機関は反対であったし、宅地の開発主体は乗り気でなかった。これらの主体間の合意を取れず、政策手段として採用されなかった。「事業性を考慮した土地処分価格、業務機能を集積する開発への支援金」が採用されたのは、バブル後の開発の低迷を一〇年以上経験し、開発への支援金の先行事例も生まれ、業務機能を誘致し土地を売却するに不可欠との認識が一般化されてからであった。

四-二　時代の空気と限界への挑戦

前述したように一九八三～九〇年は、極めて経済的環境に恵まれた時期であり、民間デベロッパーがこぞってウォーターフロント開発に邁進した。こうした時代の空気の中で、限界まで挑戦し実現したものとして、①クイーン軸の開発、②〈みなとみらい21〉線の整備および③都市デザインの展開を取り上げたい。

クイーン軸の開発

(a) **概要**

第一段階の開発として、ランドマークタワーからパシフィコ横浜に至るクイーン軸に沿ったエリアで街区開発が集中的に進められた。

まず、横浜港博物館、美術館およびパシフィコ横浜が、民間ビルに先行して供用開始した（計二〇万二〇〇〇㎡）。ランドマークタワーと隣接する横浜銀行および三菱重工横浜ビルは、同時期の九三～四年に供用開始された（計五九万㎡）。クイーンズスクエア横浜は、日石横浜ビルと同時期に供用開始された（計五八万六〇〇〇㎡）。

(b) **その特性**

クイーン軸の開発は、開発された商業・業務床面積（一一九万㎡、一九八九～九七年）から見ると、幕張新都心（九七万㎡、一九八六～九四年）や神戸ハーバーランド（五六万㎡、一九八八～九四年）に比較して、同時代の開発の中でもトップの規模であるが、特筆すべきものとしては、規模でなくその方法と実現された魅力ある空間と思われる。

i 開発の方法

開発の方法は、構想段階から協議して街づくりを行う、あるいは開発時期とコンセプトを共有するためには事業コンペを共同主催する、すなわち公民協働であったと言えるだろう。それも、少数の主体による公民協働であった。

◎少数の主体による連続的開発

大規模な公共建築物の先行整備とランドマークタワーやクイーンズスクエア横浜の開発に見られるように、民間の大規模複合開発（通常の超高層ビル五～六棟に相当）によって、街は主として形成された。横浜市・住宅都市整備公団・地所が、自ら開発、あるいは共同主催の事業コンペで開発した割合は、クイーン軸の開発の実に八〇％（表1）に達している。少数の主体による連続的開発であり、商業・業務ビルの開発主体を広く募り、また自社ビルを積極的に誘致した幕張新都心とは異なっている。

◎構想段階からの協議

一九八三年、三菱地所は三菱重工より二〇haを購入するが、同時に市は三菱地所に2号ドック保存の協力依頼を行っている。

一九八六年に、三菱地所より開発計画の協議依頼があり、この時点では七〇階と四五階の二案があり、超高層のランドマークタワーは案の一つであった。地所側が強く要望していたのが、業務・商業・ホテルからなる床面積三四万㎡の開発を、早期に二段階に分けて行うことである。一方、市側が要望していたのが、業務機能の集積と2号ドックの保全活用である。二年間の協議により、業務・商業・ホテルからなる超高層ビル開発についての合意をみた。

一九八八年一月には、三菱地所からランドマークタワーについての開発基本構想が発表される。市の要望である2号ドックの全面保全と文化施設（多目的ホール）の整備は、この開発基本構想ではまだ決まっていなかった。開発基本構想案では九〇〇％容積率を、特定街区により一〇三〇％に割り増しすることで、2号ドックの全面保存と文化施設（多目的ホール）の整備について合意となった。

表1 〈みなとみらい〉開発の変遷

	1989年～97年（大規模開発）	1998～2007年（住宅建設期）	2008～14年（民間開発への助成）
成長率	4.20%	0.90%	2%
土地価格 処分形態	近隣地価格を重視 借地権		事業性を重視 所有権
助成金	無し		企業誘致促進条例業務機能を集積する開発に最大30億円の支援
インフラ整備	クイーン軸周辺	地区全体で完成	
開発延床面積 公共施設 商業・業務 住宅	1,279千㎡ 217 1,181 	679千㎡ 315 364	1,068千㎡ 913 155
開発概要	大規模街区中心の開発	先行街区周辺の商業・業務ビルと住宅	横浜駅に近い地区での中規模オフィス
整備された自社ビルの床面積	75千㎡	83千㎡	241千㎡
横浜市、住宅都市整備公団、三菱地所の割合	80%	24%	11%

一九八九年七月に多目的ホールの整備、八月に2号ドック保全活用計画が三菱地所から発表され、翌九九年一月に特定街区が市により決定告示され、三月には着工となる。

以上より明らかなように、構想段階から三菱地所と横浜市の協議により、開発内容は段階的に決められている。しかも、その協議は互いの要望を解決する方法を両者で対等の立場で模索するものであった。

◎共同主催の事業コンペ

パシフィコ横浜とランドマークの間に位置する24街区（クイーンズスクエア横浜の敷地）の地権者は、横浜市・住宅都市整備公団・三菱地所の三者であったが、開発時期とコンセプトを共有し開発するため、共同主催の事業コンペ（事業計画提案競技）により開発は進められた。デベロッパーでもある三菱地所は、選定された案により地所所有敷地相当分を選定された事業者と連携して一体開発を行うこととした。

一九八九年二月には、地権者三組織と事業コンペ事務局である㈱横浜みなとみらい21〉によりコンペ実行委員会が設置され、同九月には開発基本方針が発表された。

翌一九九〇年二月には募集要項が発表され、一一月には事業主体が決定した。

このように横浜市・住宅都市整備公団・三菱地所の三者で、開発時期と開発コンセプトが共有された上で、コンペで選定された事業者と三菱地所とで、このコンセプトにより街区開発が一体的に進められた。

ii開発イメージの共有により実現された魅力ある空間

クイーンモールの開発で実現された都市空間の魅力は、一-一の「街を歩いて見よう」で語られているが、次のように要約できるであろう。

・クイーンモールが、ランドマーク内では四層吹抜けアトリウム空間（図2）、クイーンズスクエア横浜では地上五階から地下三階駅までの吹抜け空間（図3）、そして二つの街区の間では広場を持つ、インナーモールとして整備された。
・クイーンモールに沿って2号ドックの保存活用、クラシック音楽ホールや多目的ホール、ホテルに見られるように、優れた空間と賑わいが実現された。
・ランドマーク、クイーンズスクエア横浜、パシフィコ横浜とつながる街区において、海への方向性を示すスカイラインが形成された（図4）。

実現された魅力ある空間は、〈みなとみらい21〉が誇るべきものと思われる。その空間は、開発のイメージの段階的共有により生み出された。

少数の主体による連続的開発、構想段階からの協議は、〈MM〉スタイル（一－三）の理想とも言うべき「開発イメージの段階的共有」を生み出した。そのプロセスは、基本計画に表現された空間の質について、横浜市をはじめとする行政機関並びに大高事務所に代表される設計事務所が共有することに始まった。その後、すぐに参入した住宅都市整備公団、三菱地所などの地権者間で、開発にあたってのデザインガイドラインは、街づくり協定として結実した。パシフィコとランドマークの開発は、街づくり協定に基づき、㈱横浜みなとみらい21〉が事務局になって、市、公団、地所等間で議論された。前述した24街区開発において、市、公団、地所間で協議対象となったのは、共有されてきた開発のイメージを具体化するための一体的開発の方法であった。

このプロセスで、その各段階を主導した人の想いが込められている。たとえば、基本計画では、大高氏のガレリア空間をインナーモールとして生み出したいという願いが文

図3 クイーンズスクエア横浜、地上5階から地下3階駅までの吹抜け空間

図2 ランドマーク、4層吹抜けインナーモール

言化されている。ランドマークタワーを建設した三菱地所の経営層から発された言葉は、「ニューヨークの摩天楼に匹敵するものを日本で実現したい」であり、事業を超えた長年の想いであった。また、クイーンズイースト横浜を開発した初代の責任者の言葉は「開発は、その国の文化である」であり、開発で文化を表現したいという思想であった。

魅力ある空間を生み出したのは、自分の想い・思想をぜひ実現したいという願いであり、それを可能にしたのは「前に進め進めという時代の空気」のように思われる。想い・思想をより大きくより多彩に引き出したのが公民協同、それも少数の主体による連続的開発と思われる。

〈MM〉スタイルと表現される「〈みなとみらい〉の街づくりの方法」は、街づくり協定に基づき、㈱横浜みなとみらい21〉が事務局となって、開発内容を協議していく方式であり定着し、その後も変わることはなかった。しかし、具体の開発において、開発イメージを複数の開発者、開発に関係する公的主体で共有化できるのは、組織文化に類似性のある少数の主体による連続的開発という条件が備わったときと思われる。開発計画を構成する要素であるマーケット、土地利用規制、資金計画などがある中で、一要素でしかない開発イメージを取り出し議論できるためには、開発イメージを重要視する組織文化を共有していることが大前提である。そして、多くの主体間でデリケートな議論は難しい。

〈みなとみらい21〉線の整備

〈みなとみらい21〉線は、その構想が〈みなとみらい21〉基本計画における都市の骨格計画で記述され、〈みなとみらい21〉事業と同じ名前を有するが、その事業推進過程は、

図4 〈みなとみらい21〉スカイライン

〈みなとみらい21〉地区開発の事業推進過程とは大きく異なっている。〈みなとみらい21〉地区開発の核となる区画整理事業、街路事業、港湾事業等は、基本計画を基礎に計画・事業段階で絶え間ない調整が図られてきた。〈みなとみらい21〉線は、相互乗入れ事業者（計画段階は当時の国鉄）の政策、旅客需要、既定としての駅位置、鉄道としての線形・構造そして採算性によって基本的な計画が定められた。鉄道事業側と区画整理事業や街路事業との調整はなく、鉄道事業免許を取得しようとする事業の第一段階で調整を開始することになった。加えてこの段階で、事業の大前提である「相互乗入れ事業者や横浜駅の位置」が変更となる困難に遭遇した。さらに、整備時期や構造を鉄道事業の事情でなく、すでに先行して事業を開始している区画整理事業や街路事業に沿って定めていくという困難に遭遇した。

(a) **事業概要**

- 横浜駅から、〈みなとみらい21〉地区、関内地区を通過し元町に至る（図5）。延長距離は四・二㎞で、横浜駅も含め六駅が整備されている。
- 横浜駅で東急東横線と相互乗入れし、東京メトロのネットワークと連絡している。
- 全線地下構造である。
- 横浜市が設立した㈱横浜高速鉄道が整備・運営する。

なお、〈みなとみらい21〉線は、構想段階から相互乗入れを前提とした路線である。

(b) **相互乗入れの路線の選択**

〈みなとみらい21〉線は、〈みなとみらい21〉の基本計画を策定した一九八〇年は、当時の国鉄が整備・運営主体となっていた。横浜線を東神奈川から延伸し、横浜駅東口新都市ビルの海側（横浜駅から三五〇mの距離）に駅を整備し、〈みなとみらい21〉地区・関内・元町に至る構想であった。

しかしながら、この計画が運輸政策審議会で答申された一九八五年には、市で設立する株式会社（第三セクター）で整備されることになった。整備・運営の責任者は国鉄から横浜市に移行した。さらに答申後、民営化が決定した国鉄は、横浜線の〈みなとみらい21〉線への乗入れは見合わせるとの方針となった。

〈みなとみらい21〉線は、業務機能誘致のためのインフラであり、国鉄の方針変更があっても、整備をあきらめるわけにはいかなかった。ぜひとも早期整備が必要なのであった。また、整備主体の第三セクターの採算性を考えるなら、〈みなとみらい21〉線の乗客の過半を占める横浜駅での乗換え客を確保することが、整備の大前提となる。そのためには、横浜駅から三五〇m離れた新都市ビル海側駅（当初案）を取りやめ、横浜駅に直接接続することが必須となった。

この横浜駅接続を前提として、相互乗入れ路線の新たな相手先が模索された。その選択にあたっては、お互いに線路幅が同じであること、横浜駅での乗入れが縦断・平面線形の制約で可能でなければならなかった。この技術的制約が大きな要因と

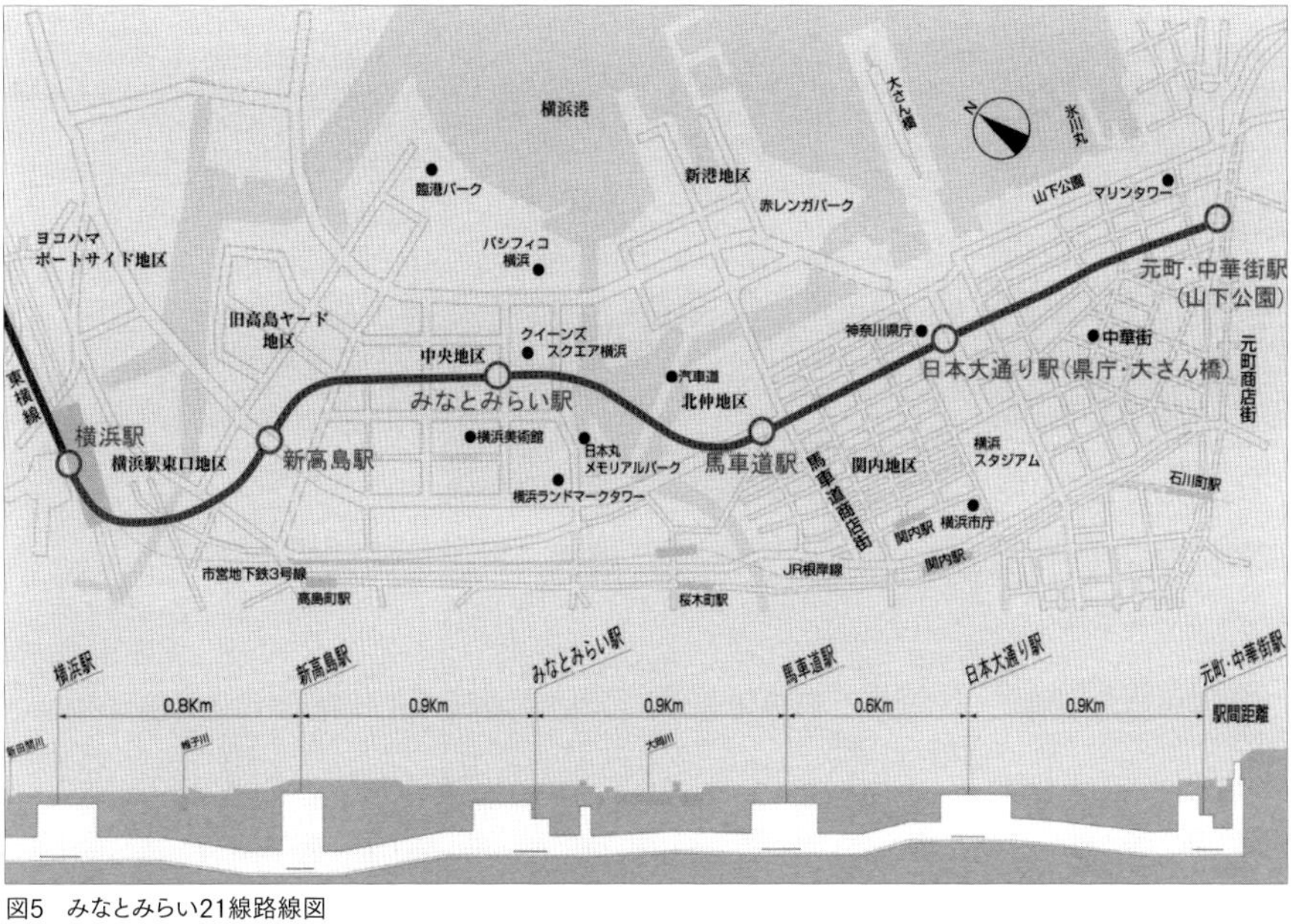

図5　みなとみらい21線路線図

なって、〈みなとみらい21〉線は、東横線との相互乗入れとなった。

このことは、東横線を通して㈱東京メトロのネットワークとの連絡となった。現在では、〈みなとみらい21〉線は、当初の目論見通り、都心・埼玉方面に乗り入れている。民営化される国鉄は、民鉄にとって大きな脅威となると想定された。民鉄側の対策として東京メトロと民鉄のネットワーク形成が必然となることが、東京メトロ（当時は営団）の計画部門から指摘されていた。この東京メトロと民鉄のネットワークを〈みなとみらい21〉地区に導入し、業務機能誘致の手段にしようというのが、前記の技術的制約に加えて、東横線との相互乗入れ選択の大きな背景である。

(c) 地下化の再選択

〈みなとみらい21〉線は、〈みなとみらい21〉基本計画の策定時は地下構造であった。鉄道だけでなく、電線の共同溝への収容による地下化、通過車線の地下化等が、〈みなとみらい21〉計画の基本思想であった。地下化は建設費のコスト増大を招くが、環境に優れた都市をつくりあげることが、結果として商業・業務の立地に資することが期待された。

しかしながら、一九八五年の運輸政策審議会の答申では、建設費低減のため横浜駅や〈みなとみらい21〉地区では高架構造であった。一九八三年に都市計画決定された区画整理事業は、地下構造を前提に宅地や地区街路の計画を定めている。高架の鉄道に必要な専用敷地を新たに生み出すための区画整理事業の計画変更は、同事業により利用可能な宅地が待ち望まれている状況では事実上不可能であった。加えて、高架で〈みなとみらい21〉地区を通過するには、二つの難点があった。

・横浜駅と関内は地下で〈みなとみらい21〉地区を高架とするには、地上や地下の構造物を避けて地下と高架を連絡しなければならないが、これは鉄道の縦断線形として、極めて困難であった。

・高架の鉄道に必要な用地を買収することは、〈みなとみらい21〉のような都心の宅地価格では、許容できない事業費増となる。

これらの事情により、〈みなとみらい21〉線は、基本計画の通り地下構造で整備されることになったが、地下化による建設費の増大を採算性の観点からどのように解決するかが課題となった。

(d) 開発者負担

〈みなとみらい21〉線は、構造の地下化による建設費の増大だけでなく、先行整備によって利用客の少ないときに営業が開始されることで、採算面では大きな負担が圧し掛かってくる。その一方、駅の整備はその周辺の宅地価格の増大をもたらす。そこで鉄道事業に対し、宅地価格増の一部相当額を負担する開発者負担が実施されることになった。

(e) 〈みなとみらい21〉線事業の困難性と時代の空気

〈みなとみらい21〉線事業は、既存鉄道による事業収入を持たない第三セクターによる整備・運営の経営リスク、相互乗入れ路線のゼロからの選択、地下化による建設費コストの増大、前例がない開発者負担の実現、さらにはここでは触れなかったが「東急東横線桜木町駅の廃止についての地元合意や横須賀線の地下での横浜駅の建設」などの先行事例がない難題を有していた。その困難な事業を前に進めたのは、言うまでもなく担当者の努力であるが、同時に「今まで存在したことのないものを実現したい」という時代の空気ではないかと思われる。

都市デザインの視点と手法による事業の展開

(a) 都心部強化事業構想における水際線の緑の軸

〈みなとみらい〉事業は、一九六五年に構想発表された横浜市の六大事業の一つである都心部強化事業として計画の検討を始めている。都心部強化事業の構想は、都心臨海部の造船所や鉄道ヤード等を移転、跡地に新市街地を形成し、港湾都市横浜発祥の地である関内地区と横浜駅周辺地区と一体となった活力ある都心の形成を図ろうとするものであった。この構想のダイアグラムには、三地区の特性を生かした地区の形成を図るとともに、三地区の臨海部をつなぐ水際線の緑の軸の形成などが示されている。一九六〇年代の横浜の臨海部の大半は工場や港湾施設で占められ、一般市民の入れない状況であったが、唯一、水際公園・山下公園部分では、市民が港に接することができていた。都心部強化事業では、将来の横浜都心部の水際線全体に、第二、第三の山下公園を連続的に配置し、市民が緑豊かな水際線空間を楽しめる都市にする意図も組み込まれていた。

(b) 関内地区から始まった都市空間整備

一九六五年に都心部強化事業構想が発表された後、関係者の合意を得て、〈みなとみらい21〉事業として事業着工するのは、一八年後の一九八三年である。その間、横浜市は都心部強化事業について、関内地区や横浜駅周辺での取組みを開始している。特に、第二次大戦後の活力回復の遅れていた横浜発祥の地である関内地区においては、都心部強化事業の一環である緑の軸線構想などを下地とした人間的な都市空間創造を目指した様々な取組みを開始した。その最初の大きなプロジェクトが、首都高速道路関内地区横断高架道路路線計画の変更（横断区間の地下化、一部区間は位置変更）であり、その結果生まれた緑の軸線の中心施設としての大通公園建設（竣工一九七八年）であった。大通公園などのプロジェクトには、多くの建築家やデザイナーなどからなる委員会も設置され、意欲的な計画の導入を図った。

一方、こういった外部専門家によるプロジェクト対応ごとの取組みではなく、地区内での大小多様な事業に対応して、継続的に展開する庁内組織による都市デザイン活動を一九七一年に開始している。六大事業を推進する企画調整室（後の局）に、一九七一年に設置された都市デザイン担当チームがこれを担っている。

(c) 関内地区での都市デザイン展開

一九七〇年代、都市デザインチームを中心として展開し始めた横浜市の都市デザイン活動は、地区の歴史文化などの特性を生かした横浜らしい都市空間創造の取組みとして活動を開始。一九七一年に企画調整室（後の局）内組織として、岩崎駿介、国吉直行の嘱託の専門スタッフ二名からスタートした都市デザイン担当チーム（一九八二年に都市デザイン室となる）がこれを担っている。

関内地区で展開を開始した都市デザイン活動は、将来誕生する新市街地（〈みなとみらい21〉地区）と対比的に共存する、歴史ある既存市街地空間の魅力とアイデンティティ再構築による「横浜らしい個性ある都市空間の創造」であった。その取組みは、初めに一九七〇年代前半、①関内地区内を回遊し、港へ向かう歩行者空間や広場のネットワークづくり（道路などの公共空間の再構成）を実験的に展開し、次に、②建築物敷地内の歩行者空間や広場の整備誘導に進み、こういった成果を見て刺激を受けた③商店街の魅力再構築の取組みへ展開（一九七〇年代後半以降）、さらに④地域の歴史的資産の保存活用（一九八〇年代後半以降）といった取組みを加えてゆく、といったプロセスを経ている。①の事例は、くすのき広場、都心プロムナード、大通公園、さらに後年の一九八〇年代の開港広場、二〇〇〇年代の日本大通り再整備、象の鼻パーク整備など。②として山下公園周辺地区整備と街並み形成ガイドライン（要綱）による事前協議と誘導、③として、馬車道、イセザキモール、元町、中華街といった商店街道路再整備と街づくり協定による商店街主体の地区街並みデザインの誘導、④として、歴史的建造物などのライトアップ、日本興亜馬車道ビル、横浜第二合同庁舎などの近代建築や、山手聖公会、エリスマン邸など山手地区の西洋館などの保存活用事業などがある。

このように、庁内組織として誕生した都市デザインチームが庁内関係局を調整し、緑の軸線構想も踏まえた最初の具体的展開として、まず、くすのき広場や都心プロムナードなどをプロデュースして事業化した。次に、こうして形成したプロムナードに面した山下公園周辺地区において、民間敷地内での広場や歩行者空間形成に理解と協力を求め、地区形成のデザインガイドラインへと発展させた。そして、これらの成果に興味を示した各商店街から協力を求められ、プロムナードや街並み形成のガイドラインを生かした商店街再整備が伝播的に展開し、商店街の委員会が主体的に運営する街のルールを街づくり協定として策定し、活用していくことになる。このようにして育っていった商店街の主体的活動は、関内地区全体の市民活動へ発展し、歴史的建造物の保存活用運動へも発展し、横浜市の歴史を生かした街づくり要綱の誕生につながってゆく。

(d) 街づくり協定

馬車道街づくり協定は、馬車道地区の街の魅力を長期にわたって形成するためのルールとして、馬車道商店街協同組合に参加している地区内のビルや店舗による紳士協定の形で、一九七五年に制定施行されている。その内容は、「開港横浜の歴史・文化を大切にするとともに、新しい文化を提案する」といった理念的な側面から、来訪者に歩きやすい豊かな歩行者空間整備のための、①建物一、二階の壁面後退、②一、二階の用途、③建築物壁面の色彩、④広告物の設置基準といったハード面の内容、計画の事前届け出といった協定運用に関する点までが含まれている。そして、地区内で建設行為を行う事業者は、この協定により事前届け出や、商店街委員会との事前協議が義務とされている。こういった協定制定と運用には、都市デザインチームなど横浜市関係部署も協力してきた。

このような商店街独自の街づくり協定は、後にイセザキモール、元町、中華街でもそれぞれ独自の視点から制定され、商店街独自に運用され自主的に個性的な街並みを形成してゆく方式となってゆく。そして、さらに〈みなとみらい21〉地区の街づくりに受け継がれていくことになる。

(e)〈みなとみらい21〉地区の都市デザインと街づくり基本協定

〈みなとみらい21〉地区の基盤整備計画マスタープランについては、委員会や建築家大高正人を中心として長期にわたって検討され、一九八〇年代前半にほぼ確定した。中央地区の街並みの特性は、超高層建築等大規模ビルの建設を容易とする大規模街区による構成や、街区ごとの特性を形成するための土地利用、個性ある地区景観を演出するためのスカイラインの創造（街区ごとの建築物の高さ誘導）などによって形成されている。また、基盤施設としての水際線に連坦する緑地の配置や、街区内を貫く魅力的な歩行者空間のネットワークの形成、地権者間の街づくりのルール「〈みなとみらい21〉街づくり基本協定」が締結され、街づくり協議会の活動として、自ら長期にわたって街づくりを展開しているのも特徴である。

これらの取組みの多くは、一九七〇年代にスタートした関内地区での歩行者空間のネットワークづくりなど、多様な都市デザインの展開手法を引き継ぐとともに、未来に向けた新たな活動を育む街〈みなとみらい21〉地区として、関内地区と一部共通、一部異なるコンセプトを掲げ、独自の街づくりとして展開したものであった。また、地権者などによる街づくり基本協定の制定と柔軟で継続的な協議も特徴であるが、これらについて地権者の理解を得ることが容易だった要因には、参考事例としてわかりやすい山下公園周辺地区での事前協議システムによる広場整備や、馬車道などでの街づくり協定による街並み整備の成果があった。

街づくり基本協定（一九八八年制定）の主な内容は以下の通りである。①水と緑、②スカイライン・街並み・ビスタ、③コモンスペース、④アクティビティフロア、⑤色調・広告物。一九八九年には、地区計画も定め、以下の内容を規定している。①建築の用途の制限、②壁面後退、③地区施設（ペデストリアンネットワーク）、④高さの最高限度。

(f) 公共施設デザイン指針と公共施設デザイン調整会議

一方、良好な街並み形成のための空間の質を高めるための街路、歩行者空間、公園、緑地などの基盤施設（公共施設）のデザインのあり方について、公共施設デザイン指針検討委員会（八十島義之助委員長、委員に泉真也、大高正人、中村良夫、丸田頼一などの専門家）の議論を経て一九八四年度末に公共施設デザイン指針案を作成、その後指針となっている。

事業着手後、長期にわたって具体化される公共施設の個々の具体的なデザインについては、公共施設デザイン調整会議を設置して、指針に沿って継続的に調整することとなった。公共施設デザイン調整会議は、横浜市関係局、住宅・都市整備公団、㈱横浜みなとみらい21〉、三団体の実務担当の課長・係長、および学識経験者によって構成し、個々の施設の計画を議論し、総合的にデザイン調整する役割を持っていた。

議長は、都市計画局〈みなとみらい21〉担当の課長。構成メンバーには都市デザイン室長も。発足時の学識経験者は中村良夫（東京工大教授）、篠原修（建設省土木研究所、東京大学名誉教授）であった。

公共施設デザイン調整会議は一九八六年に懇談会と第一回を開催している。第一回は、以下の内容であった。①公共施設デザイン指針について、②区画整理街路の基本設計、③動く歩道の基本設計、④グランモール公園（美術の広場）基本計画。

公共施設デザイン調整会議は、長期にわたり継続的に開催され現在に至っているが、二〇一四年以降は、横浜市関係局と〈一般社団法人横浜みなとみらい21〉、および学識経験者の構成となっている。二〇一六年時点での学識経験者は篠原修、国吉直行（横浜市立大学特別契約教授）。二〇一四年以降は、グランモール公園の再整備計画などが調整会議で議論されている。

(g) 地区内の歴史資産の保存活用

都心部強化事業を発表した当初から、横浜市は地区内の造船所のドック、赤レンガ倉庫、臨港貨物線鉄道施設については保存活用をうたってきたが、保存活用を担保できていたわけではない。しかし、数度にわたって変更された地区のマスタープランでは、どの案でも

〈みなとみらい〉大通りの位置は、ドックを避ける位置に配置するなど、これらの産業遺産を保存活用する方針を維持し続けてきた。

これらの産業遺産のうち、最初に1号ドックは横浜市港湾局による港湾整備事業によって、港湾緑地・日本丸メモリアルパークとして保存活用整備事業が実施された。一方、2号ドックについては民間の三菱地所敷地に位置するため、保存活用を図るのは大変であったが、都市デザイン室をはじめ横浜市が一体となって保存活用を要請し、三菱地所としての保存活用実施の協力を得ることができている。

(h) 中央地区と異なる新港地区の都市デザイン展開

中央地区は、大規模な埋立て事業によって地区面積を拡大した後に、臨港パークや日本丸メモリアルパーク、臨港道路などを港湾整備事業で整備し、その他の大半の土地については区画整理事業（住宅都市整備公団施行）による街区整備と道路、公園などの基盤整備を行った。

そして、基盤整備後新たに誕生した各街区に、商業・業務・国際交流、都心居住などの土地利用を誘導してきた。

これに対し、遅れて整備に着手した新港地区は、一部埋立てによる地区の拡大を行った後、地区全体を将来にわたって港湾関連区域として発展させるという方針のもと、港湾事業（横浜市港湾局施行）による基盤整備により、赤レンガパークなどの港湾緑地や地区内道路の整備を行っている。

このような背景のもと、新港地区は関内地区の前面に位置し、開港以来の横浜港発展の歴史の中で、関内地区の経済活動と密接に関係しながら発展したという経緯を踏まえ、中央地区と対比的に、赤レンガ倉庫や汽車道を中心として、地区全体が横浜港の歴史を感じさせる街並み形成を目指すこととしている。

このため、中央地区では最高高さ三〇〇mをはじめとする超高層ビル群による現代的な街並み形成を図るのに対し、新港地区では赤レンガ倉庫のシンボル性を重視することや、関内地区との連続性なども考慮した空間形成（多様な産業遺産の保存活用、建築物の高さは三一m以下を基本、赤レンガ倉庫への見通し空間の重視、赤レンガ倉庫との調和を図る壁面色彩の使用、馬車道、万国橋の軸線の景観面での連続性の確保など）を図っている。

新港地区のすべての街づくりの主体は港湾局であったが、汽車道、赤レンガ倉庫などの歴史資産の保存活用や景観整備面などでは、部局の壁を乗り越えて、都市デザイン室が連携協力して進めてきたことにより、〈みなとみらい21〉中央地区、新港地区、関内地区、それぞれの地区の特性を生かした、地区の魅力形成を図ることができたことも特徴的である。これは一九七〇年代、田村明率いる企画調整局が中心となって進めていた部局横断の横浜型総合的街づくりが、横浜市庁内に息づいていることによる成果であった。汽車道、運河パーク、ナビオス横浜下部のゲート的見通し空間、赤レンガ倉庫、旧横浜港駅鉄道プラットホームといった歴史的資産の保存活用と景観創出と、ワールドポーターズ、JICA横浜、カップヌードルミュージアムなど、新規施設のデザイン誘導などが効果的に行われているのもその成果と言える。

(i) 都心臨海部の現在

横浜市都心臨海部では、二〇〇二年には、国際設計競技による最優秀案を実施した横浜港大さん橋国際客船ターミナルが完成。また、同年、山下公園と新港地区を結ぶ延長約五〇〇mの（かつての貨物線高架施設を活用した）山下臨港線プロムナードが完成。これにより、JR桜木町駅から汽車道、ナビオス横浜、赤レンガ倉庫、山下公園、人形の家、フランス橋、港の見える丘公園と連なる港横浜の歴史を歩く全長三・二kmの「開港の道」が完成。二〇〇九年には、日本大通りの先端部にあたる象の鼻地区の倉庫を移転して港への見通しを確保し、「象の鼻パーク」を完成させている。

都心部強化事業として、関内地区、横浜駅周辺地区の間の造船所や鉄道ヤードなどを移転し横浜都心部の強化と一体的発展をねらった構想は、それぞれの地区の個性を生かした街並みの形成という横浜独自の都市デザイン面からの取組みにより、数々の賞を受賞するなどの評価を受けた個性ある都心空間を誕生させている。

四―三　協働推進の組織づくり

〈みなとみらい21〉事業では、広大な区域を対象とする長期のプロジェクトで、かつ建物などの上物整備については、整合性を持った土地利用を図りながら民間活力を大いに生かしていく必要から、公共セクターと民間セクターが一体となった組織体を設立し、街づくりの展開を図る必要があった。

組織形態としては、「業務を幅広い見地から一体的かつ強力に推進していくとともに、対外的な活動能力を確保し、採算性を踏まえた企業間の調整や個別企業に対する働きかけを円滑に行い、業務運営にあたって経営的感覚を発揮していく」ため、株式会社とすることとされた。

実際には、三菱重工横浜造船所移転跡地の都市開発を進めるために、一九七〇年（昭和四五）に三菱系の民間会社が共同設立した「横浜都市開発株式会社」の存在に配慮し、これを改組吸収するかたちで設立された。

〈㈱横浜みなとみらい21〉

(a) 〈㈱横浜みなとみらい21〉の設立

一九八四年（昭和五九）七月二八日、〈㈱横浜みなとみらい21〉の発足のための株主総会が横浜市中区山下町のホテル・ホリデイ・イン横浜で開催された。会社は授権資本八億円、株式総数一六〇万株、本社所在地・中区弁天通六丁目八五番地。出資構成は、公共セクターとして横浜市、神奈川県が四億円、民間セクターとして地元経済界、地権者グループで四億円。役員は代表取締役社長高木文雄、代表取締役専務・元横浜市助役佐藤昌之、常務取締役・元国鉄常務理事岡部達郎、住都公団都市再開発部次長長沢隆、三菱地所顧問小口芳彦、横浜商工会議所副会頭新井清太郎（肩書は当時）となり、職員は横浜市八人、三菱地所四人、国鉄二人、横浜銀行二人、横浜商工会議所二人、住都公団一人の計一九人、その後神奈川県の職員一人が加わり、計画担当の企画部と誘致PR担当の推進部の二部で運営された。まさに横浜の官と民、区画整理事業の施工主体の住都公団、そして土地所有者という総合協働体でスタートしたのである。

(b) 初代社長高木文雄氏

株式会社のトップには、横浜に縁があり、中央政財界と関係が深く、街づくりに見識を持つ人として、元大蔵事務次官、前国鉄総裁の高木文雄氏が細郷市長の依頼を受け、社長に就任した。

高木文雄氏は、〈みなとみらい21〉事業の中核をなす㈱横浜国際平和会議場、横浜高速鉄道㈱、横浜みなとみらい21熱供給㈱の社長にも就任し、〈みなとみらい21〉事業の中でリーダーシップを発揮していく。

細郷市長の高木社長に寄せる信頼と高木社長の人を引きつける個性、街づくりへの情熱、部下への信頼が〈みなとみらい21〉事業に携わる人々を協働の街づくりに向かわせる一体性を作り出したと言える。

(c) 会社の業務と性格

担当する業務としては、〈みなとみらい21〉中央地区を対象として、諸機能の集積およびその適正な配置を図るため、①「街づくり基本協定」を中心とした地権者等関係者の協議・調整、②「土地利用構想」「主要な施設構想」「情報システムの検討」「駐車場、モール、動く歩道の検討」など機能集積に関するコンサルティング、③「進出企業等への窓口、情報提供など企業等の誘致および広報活動の企画運営」が挙げられていた。

横浜市と当社との役割分担は、横浜市が、①基本計画と広域的な都市施設の整備、②埋立て等の基盤整備事業の推進、③都市計画等の法的手続き、④国等への要望、⑤周辺地域対策を行うものとされ、当社の業務としては、①地権者等による上物整備の方向付け、②街づくり協定に基づく建築計画の誘導、③施設の誘致・斡旋および条件整備が挙げられていた。

このことからも、この会社はデベロッパーとしてではなく、プランナー、コーディネーターとしての役割を重視しており、今や一般化しつつあるエリアマネジメントの重要性を

〈みなとみらい21〉事業の当初から意識しており、その点でエリアマネジメントの先駆者とも言える。

街づくり基本協定

街づくり基本協定は、㈱横浜みなとみらい21〉の業務の中で最も重要な業務であり、横浜の街づくりの伝統を生かし、横浜の新しい都市づくりの憲章でもある。

(a) 横浜の街づくりの伝統

横浜市では、一九七二年から市が指定した四地区で、確認申請時に事前協議を行う方式を採用し、その後、協議地区を拡大し現在三〇地区を指定している。

この狙いは、単にルールを守るだけでなく、協議を行うことによりより高いレベルの開発に誘導するところにある。市が提案・指導するだけでなく、事業者も意見を述べる関係が重要で、事業者によく街を理解してもらい、その結果、街の一員になってもらうことができるからである。

同時に、協議地区の人々と街のあり方、将来について話し合う機会をつくり、相互の信頼関係を構築し、一緒に街づくりを進めることができる。

協議地区の中でも、馬車道や元町などの商店街では個性的な街を目指して街づくり協定を結び、これらの街づくりの伝統が〈みなとみらい21〉の街づくりにもつながっている。

(b) 〈みなとみらい21〉の街づくり基本協定

〈みなとみらい21〉は、広大なエリアにおいて、長期の開発期間を有する大規模な事業である。この地域を多様な都市機能を持つ街として発展させていくには、機能面、また建築・都市施設的な面において、街の陳腐化を防ぎ、質の維持向上を図り、将来に向かって発生する多様な需要に対して柔軟に対応できるようにすることが不可欠である。そして、これらを実現するためには、地権者相互の創意工夫により自主的なルールを定め、共通の価値観と認識を持ちながら、よりよい街づくりを進めていくことが重要である。

㈱横浜みなとみらい21〉では、これを念頭に昭和五九年の会社発足以来、地権者との協議を重ね、一九八八年（昭和六三）七月一日、横浜市、住都公団、国鉄清算事業団、JR東日本、三菱地所、三菱重工業、山田㈱、〈㈱横浜みなとみらい21〉の八社により、中央地区の街づくりのために「〈みなとみらい21〉街づくり基本協定」を締結した。

また同時に、協定を運営する「〈みなとみらい21〉街づくり協議会」を発足させた。

(c) 街づくり協定の内容（七七頁図24参照）

四―四　街区開発から企業誘致へ

前述したように街区開発は、最も困難な課題との認識の下、推進された。クイーン軸の開発では、より恵まれた立地の豊洲二、三丁目開発の倍の規模の開発を完成させた。その後、街区開発はバブル崩壊の影響を大きく受けたが、基盤整備は順調に推移し二〇〇三年に完了する。

一九九八～二〇〇七年は、大規模な高層住宅の開発が過半となり、オフィスは小規模なものとなっている。一九九八～二〇〇七年に整備された住宅も含めた総延床面積は八九～九七年の時期の約五〇％まで、商業・業務の総延床面積は約三〇％まで減少した。横浜市・住宅都市整備公団・地所が、自ら開発、あるいは共同主催の事業コンペで開発した割合は、八〇％（八九～九七年）から一一％（〇八～一四年）に減少した。その一方、九八年以降は、三者以外も開発に大きな役割を果たしている。

二〇〇七年頃になると、経済成長率の回復もあって、立地条件に優れた横浜駅周辺の未利用街区と完成したインフラに着目して、企業誘致ができないだろうかという発想がトップダウンもあって共有されてきた。従来の街区開発という発想に加えて、種々の誘致方策を駆使して企業を誘致しようという発想である。その代表的な事例が、日産本社の東京から横浜への移転である。

二〇〇八年以降、企業誘致に向け以下のような新たな方策がとられた。

・事業性を考慮した土地処分価格とする。
・土地処分の形態は、開発者にとって安定的な所有権とする。
・業務機能を集積する開発への支援金制度として、企業立地促進条例を設ける。業務機能を集積する開発への支援金も最大三〇億円に達している。

その結果、開発される商業・業務床面積は、〇八～一四年には、一九八九～一九九七年の約八〇％まで回復する。また、誘致される自社ビルの延面積が八万㎡（八九～九七年）から二四万㎡（〇八～一四年）に増大する（九六頁表1参照）。

【コラム④】〈みなとみらい21〉に投入された人材・引き寄せられた人材

〈みなとみらい21〉計画・事業は、目標の困難性、事業規模、期間および複雑性において比類なきものであった。基本計画の策定、事業化そして日産本社ビル誘致に至るまでの四〇年にわたり、その実現のため優れた人材が投入され、また引き寄せられた。

〈みなとみらい21〉の出発点となった都心部強化事業を提案した田村明氏は、〈みなとみらい21〉計画の策定に直接関わらなかったが、その部下たちは〈みなとみらい21〉の計画策定、事業実施で大きな役割を果たした。企画調整局の課長として、田村局長の薫陶を受けた小沢恵一氏、広瀬良一氏、そして若竹薫氏である。田村氏は、具体の場面では様々な働きを見せたが、小沢氏、広瀬氏、そして若竹氏はその資質・才能もあって、田村氏の多彩な働きを継承しつつ、Struggleの中で事業を推進した。

小沢氏は、企画調整局企画課長として、〈みなとみらい21〉基本計画策定の実務での責任者の役割を果たす。「〈みなとみらい21〉地区の土地利用を物流・工業から業務・商業に転換する」ことは、都心部強化事業においてすでに方針として決められていたが、地区に関わる関係者や関係機関では具体的に合意されていなかった。

この合意形成を、基本計画を策定する過程によって実現したのが、小沢氏である。〈みなとみらい21〉の開発面積は、当時の最大の商業業務地開発である新宿新都心の三倍の規模であった。その規模の開発を東京でなく横浜で行うのであるから、開発の実現性を疑問視する声は強かったのである。

この疑問に対し、開発規模の妥当性を、業務地を東京から周辺都市に分散させる広域多核都市複合体構想によって位置付けたが、そこで小沢氏は大きな役割を果たしている。この構想も、最初の提案者は田村氏であった。

小沢氏が策定で大きな役割を果たした〈みなとみら

い21〉基本計画は、田村氏の政策の継承に留まらず、コンセプト主導の計画であることにより、田村氏の実践的都市計画の継承であった。小沢氏は、田村氏の実践的都市計画や同氏が語る都市プランナーへの理解を〈みなとみらい21〉に関する論文の中で論じている。

都市政策、都市計画には総合性、総合化ということが期待されるが、総合性とは「社会、経済、文化、教育等々を含めた社会的計画と物的計画、さらには人間の行動をも含む一体的計画」であり、その時点での情報をどのように読み取り計画に反映させるか、さらには社会経済情勢の変化の中での余地（計画における柔軟性の確保）をいかに確保するか、特に、長期間を要するプロジェクトにおいては必須の条件である。

特に巨大再開発プロジェクトにおいては、広い意味での関係者（ステークホルダー）の調整と市民的コンセンサスを得るために、制度の運用、決定プロセスを考慮に入れた計画策定が重要である。

自治体プランナーには「地域感」というものが必要であり、「地域感」とは、地元におり、その対象地域、周辺地域が計画によりどう変化し、住民、関係者が計画にどのように反応するかも想定して住民の感情も含めて周辺の状況を身体で感じて街づくりを行う自治体の役割・責務のことである。

また、小沢氏は、公民協働のさきがけでもあった。商業業務地開発を新宿新都心の三倍の規模で、東京でなく横浜で行うことの困難性は、〈みなとみらい21〉事業を開始するにあたっての当然の前提であった。このため、インフラは公共で行い、街区開発は民間で行う、その先導役として公共建築物を整備する、開発は段階的に行うことになり、これが開発戦略となった。これは、開発誘導から公民協働への転換であった。

小沢氏が進めた公民協働に、田村氏は批判的であったと思われるが、〈みなとみらい21〉の行く末に満足されていた。また、江戸東京物語を書き終えた頃には、「〈みなとみらい21〉は、ぼくの提案した計画だよ」と、にこやかに話されていた。

港湾事業や街路事業の導入、三菱地所や住宅都市整備公団の参入により事業の開始となったが、事業化は容易ならざるものであった。複雑な事業構成と調整、前例なき解決策の実施、相矛盾した方針を実施しながら解きほぐす、この役割を担い事業の推進に大きな役割を果たしたのが、広瀬氏である。広瀬氏は、〈みなとみらい21〉担当部長、同専任局長として七年にわたり、重責を担われた。

同氏は、企画調整局土地利用調整課長として、開発行政を担ってきた。田村氏は氏を日本の開発行政の第一人者と評したように、「政策手段をどのように生み出していくか」についての見識を有していた。寝食を忘れて業務に邁進する氏の努力により、臨港地区の解除、区画整理における換地計画の合意、〈みなとみらい21〉線の相互乗入れの実現等、多くの難題が解決された。志が高い事業であればあるほど、事業の開始時にすべてを解決できない。事業を進める中での問題解決である。氏の言葉を引用すれば、事業手法を読み変え、多元多次方程式を解くことである。責任者には、未解決の問題を引き受け解決する覚悟が要求される。広瀬氏は、その覚悟に加え、可能なものをすべて手段として解決する実践的都市計画の方法を有していた。

小沢氏と広瀬氏を、政策と事業で支援したのが、依田和夫氏である。依田氏は、国土庁時代に「広域多核都市複合体」構想を一九七六年の第三次首都圏整備基本計画で導入し、横浜を南部の核都市として位置付けた。この構想は、当時の新宿副都心（五六ha）の三倍近くにもなる広大な面積を有する「〈みなとみらい21〉地区」を商業・業務地区として整備することの根拠・支えとなった。同氏は、一九七八年から八四年まで、建設省都市局区画整理課長、技術参事官等として、「区画整理事業ならびに街路事業の〈みなとみらい21〉事業へのもっとも高い水準での導入、さらに住宅都市整備公団の参加」を進め、これにより〈みなとみらい21〉事業が大きく前進したのである。

小沢氏と広瀬氏が進めた公民協働が〈みなとみらい21〉事業の基本的枠組みであるが、開発誘導の側面も確かに存在した。この開発誘導の側面を担ったのが、若竹氏である。若竹氏は、㈱みなとみらい21の企画部長、〈みなとみらい21〉専任局長として、街づくり協定の締結、クイーン軸における街区開発において開発誘導の方法を持ち込み、「魅力的な空間の形成をいかに開発側に実現してもらうか」という局面において、同氏だけにしかできなかったかもしれない役割を担い力を発揮した。

若竹氏は、企画調整局課長そして都市整備局課長時代に、伊勢佐木町における街づくり協定、開発誘導による関内地区街づくり等の経験により、他者が行う開発の誘導の第一人者であった。氏の誘導には支援も含まれており、公共と民間の間のベストの妥協を追求する思想と思われる。その思想に見られるように、同氏は田村氏の開発誘導の継承者であった。

ここで、事業化の段階で大きな役割を発揮した小林弘親氏（一九七九〜八四年、横浜市港湾局長）について述べておきたい。「土木技術者は自ら為した仕事の表現にあたっては抑制する」文化もあり、〈みなとみらい21〉事業において、港湾事業の果たした役割はあまり表現されていない。

〈みなとみらい21〉地区は、事業前は臨港地区であり、港湾事業のエリアであった。ともすれば港湾事業が撤退して、都市開発事業が入れ替わったと理解されがちである。〈みなとみらい21〉事業は、全国のウォーターフロント開発において、港湾事業の比率が最も高く、事業の安定と魅力ある空間の形成に大きな貢献を果たしている。

これを計画と事業の両面で遂げたのが、小林氏である。〈みなとみらい21〉地区内の倉庫・岸壁など物流機能の新規大規模埠頭への移転、同事業への港湾事業の積極的導入は、小林局長の見識、決断によるところが極めて大きい。

同氏は、横浜市の六大事業である港北ニュータウン事業に関わり、広く政策・事業を経験している。また、読書家であった同氏は時代の潮流を深く思索されていたと思う。おそらく、この背景が小林氏の見識、決断につながっていたと推測される。

〈みなとみらい21〉事業は、前記の小沢氏たちよりひと回り下の世代、田村氏の企画調整局長時代の最後の教え子たちの働きを必要とした。また、さらに若い世代が、実践的都市計画や〈みなとみらい21〉事業を目指して横浜市に入庁してきた。

この二つの世代は、基本計画の策定、事業化、バブル時代の大規模街区開発、バブル後の事業継続に並々ならぬ労力を要求され、また自らも積極的に事業を推進した。この二つの世代に託された最大の課題は、街区開発の継続であった。

この二つの世代にとって、事業の目途は日産グローバル本社の立地である。これは〈みなとみらい21〉開発事業とは異なった脈絡、トップダウンによる「企業誘致」から推進されたものであるが、この二つの世代から見れば懸案であった政策的な自社ビル誘致による街区開発である（I－四－四）。日産グローバル本社機能を誘致する、そして日産本社ビルでの歩行者空間整備に都市デザインを導入する、この二つをもって〈みなとみらい21〉事業の目途がついたのである。計画策定から四〇年である。

ここでは、計画策定の流れのみで人物にふれてきた。言うまでなく、同事業は四代の市長に関わり、その見識・決断なくしてはなしえなかった事業である。都市開発やインフラ整備では、半世紀にわたることはしばしば見られ、その間の継続が極めて重要であり、トップの見識・決断は決定的なものとなる。

また、政府機関、民間企業において、幾多の素晴らしい人材が関わられたことを特記しておきたい。多くの方が、トップや役員としてその後活躍されていることからも明らかであろう。計画策定、インフラ整備、街区開発において、これらの方々が果たした役割は極めて大きく、その役割なくしては、〈みなとみらい21〉事業は時代の最前線を走れなかったであろう。

（金田孝之）

【コラム⑤】街づくりガイドラインと設計の実践──クイーンズスクエア横浜と横浜三井ビルの設計を通して

24街区（クイーンズスクエア横浜）については、一九九〇年に事業者募集提案が行われ、住友商事・東急電鉄・住友生命からなるT・R・Y90（Team Reborn Yokohama）というコンソーシアムに、私の所属する日建設計は設計者として参加した。パシフィコ横浜（会議センター・ホテル・展示場一九九一年完成、国立大ホール一九九四年完成）、横浜ランドマークタワー（一九九三年完成）が施工中の時期であった。私は、本プロジェクトに事業提案の段階から一九九七年の完成に至るまで関わらせていただいた。

24街区は広さ四・四ha、長さ三〇〇m、幅一四〇m。街づくりのガイドラインによってクイーン軸が街区を縦断し、横浜ランドマークタワーとパシフィコ横浜をつなぐ幅員二〇mの公共歩廊を確保すること、敷地地下に地下鉄〈みなとみらい〉線が横断し、その駅が設置されるという計画与件となっていた。クイーン軸の公共歩廊空間については、すでに横浜ランドマークタワーの横浜ランドマークプラザで計画されており、24街区の公共歩廊空間が完成すれば、桜木町駅からパシフィコ横浜までが連続的に整備されることになる。

このように、街区の空間そのものに大きな影響を与えるガイドラインがはっきりと決められていることに対して、横浜市の街づくりに対する強い意志を感じた。また同時に、景観形成のガイドラインも定められており、街の景観に対しての意識の高さも感じた。そのガイドラインに従って、陸から海へ向かってリズミカルに低くなるデザインが特徴的なシルエットとなった。

事業提案にあたって、クイーン軸の公共歩廊となるクイーンモールは、商業の賑わいを持つ快適な空間づくりを目指した。ウォーターフロントに立地しているという特徴を生かして閉鎖的なモールではなく、各所から外界が見えるような空間構成として、自然光が燦々と降り注ぎ、中間期には自然換気によって環境を制御し、明るく開放感のある空間づくりを目指した。

施設間のネットワークづくりや空間に変化をつけるために、ブリッジやシースルーエレベータを設けたり、カフェを張り出したりするなど、全長約三〇〇mの中にできるだけ街の多様な顔が滲み出るように試みた。公共空間のデザインにおいては、商空間のデザインに実績のあるボストンのBenjamin Thompson Associatesの協力を得た。空間のスタディのために一〇〇分の一の大きな模型をつくり、その中にCCDカメラを入れてモールの内部が来訪者にとってどのように見えるのかを検証した。

また、パブリックスペースの光環境が重要なため、ライティングコンサルタントであるLPAの協力も得た。模型を実際の方位に置いて、モールへの光の入り方が太陽高度によってどのように変化するのかを検証して、モールの屋根のデザインを決定した。

省エネルギーも考慮し、屋根はあえて全面ガラスとはせずにガラスとパネ

クイーンズスクエア横浜クイーンモール

ルのストライプ状の構成とした。夜間はパネル部を下から照らしあげ空間の明るさ感が失われないようにした。

〈みなとみらい〉線の地下鉄駅が街区の真下に計画されていたので、クイーンズスクエア横浜のパブリックスペースと地下鉄の駅空間を一体的に計画する提案を行った。「地下にも自然光を」というコンセプトで、「ステーションコア」と称する地下三階から地上四階までのアトリウムと、地下五階のプラットホームまでをも空間的に一体化し、自然光がプラットホームまで入り、電車を降りると上階へ導く赤いエスカレータを望め、安心感のある地下空間を実現した。

実現する上では、様々なエンジニアリング的な検討が必要であった。駅空間と建築空間の防火区画、街区に計画されたコンサートホールに対する列車振動の影響、列車のピストン効果による風の影響などが懸念として挙げられた。防火区画に対しては消防署などとの行政協議の結果、二重の防火シャッターを駅空間との間に設けることとなった。

列車振動に対しては厚さ一〇cmの防振ゴムの上に厚さ七〇cmのフローティングスラブを設けて対策を行った。風についてはコンピュータシミュレーションを行い、その影響は軽微であることを確認した。クイーンズスクエア横浜は一九九七年にオープンしたが、〈みなとみらい〉線は遅れて二〇〇四年に開業。オープン後しばらく閉じられていた地下三階の床が開け放たれ、プラットホームとアトリウムが一体の空間となった。

クイーンズスクエア横浜ステーションコア断面パース(作成:日建設計)

クイーンモール、ステーションコアは、都市の「図と地」の中では「地」にあたる空間である。このような「地」の空間を創りだそうという強い意志が行政サイドにあったことが、豊かな都市のパブリックスペースの創造につながったと感じている。

一方、群造形としての全体シルエットは、〈みなとみらい〉、そして横浜を象徴するランドマークとなった。これは都市の中でまさに「図」として認識されるものである。事業提案時には、いかに隣接する街区に建つ、高さ二九六mの横浜ランドマークタワーと高さ一四〇mのパシフィコ横浜とを、景観的につないでいくかに視点を置いてスタディした。

オフィス棟は横浜ランドマークタワー側から徐々に高さを下げて、高さ約一七二m、一三八m、一〇九mの三棟とした。頂部の形状については、なだらかに陸から海へつながっていくように曲線を用いたシルエットとした。また、コーナーについても曲面として、ソフトな印象を醸し出した。パシフィコ横浜に一番近いホテルは高さ約一〇五mの計画とした。三棟のオフィスとホテルは雁行状の配置として、オフィス相互の見合いを防ぐとともに、全体として壁状にならないように配慮した。

その結果、中央のオフィスB棟はクイーンモールの直上に位置することとなり、スーパーストラクチャーの組柱によって支えるとともに、クイーンモールの上部の六階にエレベータの出発階を設定し、そこまでエスカレータでアプローチする計画とした。スカイロビーを六階に設けてエスカレータで

クイーンズスクエア横浜（写真中央部）外観

アクセスする案は議論の分かれるところであったが、六階に至るまでの空間は都市インフラ＝公道であるという考え方を事業者と共有できたため実現することができた。

24街区のランドマークタワー寄りの約三分の一の敷地は三菱地所の所有である。したがって、事業者はT・R・Y90と三菱地所、設計者は日建設計と三菱地所の設計部というフォーメーションで進められた。事業提案コンペ当選後は、T・R・Y90は共同事業者である三菱地所と、また私たちは三菱地所の設計部と調整しながら基本設計を進めた。事業提案で提案したデザインを事業者の要求に応じて、三菱地所の設計チームとともに実現に向けて調整していった。

設計者には、それぞれの事業者の異なった要求を入れながら、全体としての統一を図っていくことが求められた。貸方に対応したオフィス棟の平面計画の見直し、商業、ホテルのオペレータの要望や区分所有に対応した平面計画の見直しなど、提案したデザインコンセプトは保ちながら、かなりドラスティックな変更を行った。外装タイル、モールや外構の床仕上げなどについては、現場に入ってからも設計者同士で調整を行った後に両事業者に提案した。

結果的に事業提案をベースに、全体として統一感のある街区を創出することができた。また、外部のパブリック空間のデザインが重要なため、ニューヨークのランドスケープアーキテクトであるM. Paul Friedberg and

三井横浜ビル外観

Partnersに参画していただき、内外ともに質の高いパブリック空間を実現できた。

その後、私は〈MM21〉中央地区で最も横浜駅に近い67街区（横浜三井ビル）のプロジェクトの設計に関わる機会を得た。24街区と同じく事業提案コンペで、私たちは三井不動産のチームに設計者として参加した。単独のオフィスビルのプロジェクトであったが、ビルの足元のデザインや全体の景観については隣接する街とのつながりを意識した。具体的には敷地内に設けた二つの広場をつなぐモール状の通り抜け空間を一階に設け、さらにそれが隣接する街区につながっていく計画とした。

この事業コンペでは街に賑わいをもたらす多様な施設の導入が求められていたので、事業者から鉄道模型博物館や横浜国大のインキュベーション施設を設けるという提案があり、商業施設とも複合化して様々なアクティビティが生まれた。敷地コーナーにはイスラエル出身のアーティスト、ラム・カツィール作のほのぼのとした雰囲気のブロンズ作品“Grow”を設置し、横浜駅からの〈MM21〉地区へのウエルカムゲートとなっている。

〈MM21〉の街は、バイブルとしてのマスタープランと街づくりのガイドラインが継続的に機能し、開発スタート時からの時間を経て、多様性のある成熟した街になりつつあるように感じている。

（亀井忠夫）

五 〈みなとみらい21〉と丸の内の再構築――つながりゆく街づくりの思想

これからの街づくりを考えるとき、都心のあり方を大きく変えた二つのプロジェクトである横浜の〈みなとみらい〉と東京・丸の内の再構築を振り返ることで、何がしかのヒントを見出すことができる。

前者は都心臨海部の大規模な土地利用転換を図るものであり、後者は既存のビジネスセンターの更新を目指すものである。

各々が明確なビジョンを持ち、多彩な事業化の方策を展開してきた実績を有するプロジェクトである。

本稿では、その差異性に注目するのではなく、
二つの街づくりの中に見出されるつながりや通底する考え方に目を向けることとしたい。

両者の始動時期には約一〇年の差があるが、そこには二〇世紀後半から二一世紀初頭の都市づくりの共通性が認められる。

都市の成熟の時代に向けての都心改造に直面した際の取組み姿勢と具体的方策の見出し方である。

筆者はこれら二つのプロジェクトに民間デベロッパーの一員として、企画、開発、運営に携わる機会を得た。

以下、その体験を踏まえて二つのプロジェクトを振り返る。

五―一 〈みなとみらい21〉と丸の内再構築の始動

〈みなとみらい21〉の始動期

〈みなとみらい21〉の計画の本格的な始動は一九八〇年代初頭、そして、具体的に街の姿が世の中に周知されるのは一九九〇年代を迎えてからである。横浜ランドマークタワー

とクイーンズスクエア横浜の完成は、桜木町駅から臨港パークに至る新たな横浜のウォーターフロントの都市景観を現出し、〈みなとみらい〉地区の将来性を予感させるに至ったと認識している（図1）。

一九八〇年　三菱重工業横浜造船所の移転決定
一九八三年　〈みなとみらい21〉事業着工
一九八九年　横浜博覧会開催
一九九一年　パシフィコ横浜（横浜国際平和会議場）竣工
一九九三年　横浜ランドマークタワー竣工
一九九七年　クイーンズスクエア横浜竣工

丸の内再構築の始動期

一方、東京・丸の内では、一九九五年一月の阪神淡路大震災を契機として再開発の動きが加速する。同年一一月、三菱地所は当該地区を代表する丸の内ビルヂング（以下、丸ビル）の建替えを公表した。ここに、「丸の内再構築計画」と称する丸の内ビジネスセンターの長期にわたる都心更新のプロジェクトがスタートした。二〇〇二年丸ビル竣工を皮切りに二〇一〇年までに、東京駅前を中心とする連続建替えを進めることで、新たな丸の内の将来像の早期浸透を図ったのである。東京駅から皇居への都市軸である行幸通りの両側の丸ビルと新丸ビルの建替え、そして東京駅舎の復元竣工は、丸の内の新たな時代を開く象徴的な都市景観の更新という意義を有している。また、この間に三菱地所は二〇〇一年に丸の内の街ブランドの展開を開始しているが、そのことがその後の街づくりを支えること

図1〈みなとみらい21〉夜景（横浜ランドマークタワーからパシフィコ横浜のスカイライン）

になる。そして、二〇〇九年には丸の内パークビルが竣工する。同街区では、丸の内の原点となったオフィスビルである三菱一号館（一八九四年竣工、一九六八年解体）が解体から四〇年のときを越えて復元され、翌二〇一〇年四月、三菱一号館美術館としてオープンを迎えた。同美術館は、丸の内の歴史と文化の中核施設として新たな活動を開始したのである。

一九九五年　丸ビル建替えの発表
二〇〇一年　街ブランドの展開を開始
二〇〇二年　丸ビル竣工、丸の内仲通り改造計画（第Ｉ期）竣工
二〇〇三年　日本工業倶楽部会館・三菱ＵＦＪ信託銀行本店ビル竣工
二〇〇四年　丸の内オアゾ竣工
二〇〇七年　新丸ビル竣工、丸の内仲通り改造計画（第II期）竣工
二〇〇九年　丸の内パークビル・三菱一号館（復元）の竣工
二〇一〇年　三菱一号館美術館オープン

二つのプロジェクトは、経済環境や時代の価値観の変化の中で、二〇世紀後半以降の我が国の都市開発の歴史に残るプロジェクトとして現在も継続的な取組みが続けられている。両者には、開発の理念、計画手法などにいくつかの通底する姿勢が認められるのである。

五-二　二つのプロジェクトの契機

丸の内ビジネスセンターの形成は、一八九四年の三菱一号館の竣工を嚆矢とする。それ

から一五年、一九一〇年頃にはロンドンの街を範とする赤レンガ建物が軒を連ねる「一丁倫敦」と称される街並みが現出する。そして、東京駅開業（一九一四年）とともに飛躍的な成長を遂げた丸の内は、関東大震災の苦難を乗り越えて、一九三〇年代には東京駅を中心に鉄骨鉄筋コンクリートの大型のオフィスビルの建ち並ぶ「一丁紐育」と呼ばれる都市景観へと変身を遂げる。その中核が丸の内ビルヂング（一九二三年竣工）であった。そして、第二次世界大戦後の高度経済成長期と軌を一にして始まった「丸の内再開発計画」（一九五〇年代後半～七〇年代半ば）により、一〇〇m四方の街区に軒高三一mのオフィスビルが整然と並ぶ都市景観を呈する日本を代表するビジネス街の姿を生み出していった。こうしてその姿を一新した丸の内ではあるが、すでにビジネス活動の国際化と情報化の幕開けの時代を間近に迎えてもいた。企業のビジネスや就業者のワークスタイルは変化し、オフィス空間やビジネス街のあり方に変化を見せ始めていた。また、公害基本法（一九六七年）や都市計画法（一九六八年）の成立、そして、公共事業への環境アセスメント制度の導入（一九七二年、環境影響評価の取組みについての閣議決定）が図られた時代、都市での環境のあり方が大きなテーマと認識される時代である。その後、日本経済の発展は東京都心部への業務機能の一極集中の度合いを急速に強め、やがて首都の業務機能の分散が叫ばれる時代を迎える。

その頃、横浜では、臨海部の都心強化事業（一九六五年）が具体的展開を見せ始めていた。一九八〇年に三菱重工横浜造船所の移転が決定し、翌年の一九八一年、横浜市は都心臨海部総合整備事業推進本部を発足する。同年、この計画は、〈横浜みなとみらい21〉と名称が決定される。〈みなとみらい21〉の計画は、一九八三年の土地区画整理事業の着工、一九八四年の前面海域の埋立て事業の起工によりスタートを切った。そして、三菱地所は三菱重工の所有する造船所跡地約三一haのうち、約二〇haを取得して民間最大の地権者として土地区画整理事業に参画する。三菱地所は区画整理事業の仮換地処分（一九八八年）による約一四haに及ぶ複数の街区の取得も決まり、業務、商業、住宅などの集積を促進する街区開発を進めることで、〈みなとみらい21〉の街づくりの中核的な役割を果たす立場となったのである。一方で、道路、公園、共同溝などの基盤整備の進捗を待って始まる具体的な街区開発に先行し、街づくりの理念や将来像とその具体的な都市空間創出のルールを公民で共有する議論が進められていた。その成果は、〈みなとみらい21〉街づくり協議会の設立と「〈みなとみらい21〉街づくり基本協定」（一九八八年）に結実したのである。こうして、街区開発の準備が整っていった。

同じ頃、丸の内でも新たな街づくりへの動きが始まっていた。三菱地所は次の時代の丸の内のあり方の検討を進めていた。国際的なビジネスセンターの形成に向けた業務機能の集積や都市空間のあり方、そして、丸の内の街づくりの歴史の再確認などである。当時の三菱地所は丸の内地区の約一〇〇棟のビルのうち、約三〇棟のオフィスビルを経営する立場にあったが、丸の内ビジネスセンターの更新には、この街の多くの地権者、企業、団体や行政機関の理解と協調が必須であるとの認識に至っていた。こうして、丸の内の街づくりの機運が醸成される中で、一九八八年に「大手町・丸の内・有楽町地区再開発計画推進協議会」が設立され、様々な調査研究が始まり、街づくりの方向は定まっていくのである。

五ー三　シンボルプロジェクトの始動——横浜ランドマークタワーと丸ビル建替え

横浜ランドマークタワー

三菱地所が〈みなとみらい〉地区で最初に手掛ける街区は、25街区（土地区画整理事業上の街区番号、約三・八ha）であった。この街区は桜木町駅からの〈みなとみらい〉地区の玄関口にあたり、超高層建物を想定した業務商業機能の集積が期待されていたのである。また、街全体の歩行者ネットワーク形成の基幹をなす「クイーン軸（幅員一五m）」が貫通する街区でもあった。クイーン軸は桜木町駅から25街区、24街区（現、クイーンズスクエア横浜）を貫通して臨港パークやパシフィコ横浜に至る賑わいの都市軸と位置付けられていた。

三菱地所はこの25街区に、〈みなとみらい21〉を先導するシンボルプロジェクト「横浜ランドマークタワー」を計画する。総延床面積約三八万㎡、高さ日本一の超高層ビル（地上二九六m、海抜二九九・五m、七〇階）を中心に五層のショッピングモールを備える大規模な複合機能開発プロジェクトである。超高層ビルは、高質なオフィス部分（延床面積約一六万㎡）の上部に、都市型ホテルの六〇〇室の客室とレストラン（六八階）と宴会場（七〇階）を備え、六九階には展望フロアが計画された。〈みなとみらい〉地区の玄関口に一つの壮大な街を一気に創出する計画である。一九八八年一月、三菱地所は25街区開発構想を発表した。その骨子は、次の六点にあった。

①〈みなとみらい21〉の業務集積具現化の第一号プロジェクトであり、

②二四時間都市、コンベンションシティ形成を促進するシティホテルと

③〈みなとみらい〉地区の玄関口の賑わいを形成する商業インナーモールを備えた
④業務・ホテル・商業を中心に歩行者専用空間（クイーン軸）を内包する複合開発として
⑤東京湾岸のウォーターフロントの中でのシンボル性と
⑥〈みなとみらい21〉の水と緑と歴史を生かした環境の創出を図る。

そして、横浜のランドマーク（場所の目印）となり、横浜の新名所となるプロジェクトであると付言したのである。翌日の新聞には「横浜ランドマークタワー」の見出しが眼を引いた。やがて、三菱地所は25街区開発の名称を「横浜ランドマークタワー」と定めることになる。しかし、この計画は横浜の不動産賃貸市場を踏まえれば、そのオフィスの供給量は横浜のマーケットの規模への大きな挑戦という現実と対峙することであり、計画する商業施設の規模は横浜駅周辺や関内・伊勢佐木町地区の商業集積との新たな関係の構築を必要としていたのである。それは横浜都心部の新たな需要創出に取り組む挑戦であり、〈みなとみらい21〉も同様に抱えるテーマでもあった。横浜ランドマークタワーは、まさに〈みなとみらい21〉の将来への展望を開く先導プロジェクトとの自覚を要する事業だったのである。そして、都心臨海部の工場跡地と埋立て地から新たに生まれた造成地という白地に新都心を描く計画の実現を支えたのは、〈みなとみらい21〉の計画理念とその具体化への指針である街づくり基本協定の存在、そして、着実に基盤整備を進める横浜市の主導性にあった。三菱地所が企業の誘致活動で問われたのは長期的な街づくりの将来の担保性であったし、そこには街づくりへの公民相互の理解と信頼が重要であったと言えるだろう。

また、横浜ランドマークタワー（図2）は、場所の歴史の継承という課題にも取り組ん

図2 横浜ランドマークタワー

でいた。25街区内には、港湾都市横浜の草創期に大きな役割を果たした「旧横浜船渠第2号ドック（一八九六年竣工、以下、第2号ドック）」が姿を留めていた。ドックの大半は25街区内に、一部は現在のさくら通りの予定地内にかかって残っていたのである。横浜船渠は横浜財界と三菱合資会社により設立され、その後、三菱重工横浜造船所となる。この第2号ドックを歴史的土木産業遺構として保存活用を図り、〈みなとみらい〉地区の歴史を未来に継承するため、建築、土木、造船等の専門家の参画を得た調査委員会を設立して検討が進められた。第2号ドックは〈みなとみらい〉地区の新名所となる都市の広場「ドックヤードガーデン」として保存活用を図ることとなり、街にさらなる魅力を加えることとなった。そして、一九九〇年に着工した横浜ランドマークタワーは一九九三年七月に街開きのときを迎え、オープンからの三日間で一〇〇万人を超える来訪者を数えて順調なスタートを切ったのである。

丸の内ビルヂングの建替え

横浜ランドマークタワーの計画発表から一〇年が経ち、その都市像も定着し始めていた一九九八年、丸の内ビルヂング建替え計画（竣工後は「丸の内ビルディング」、以下、「丸ビル」）は都市計画決定の告示がなされ、翌年春の着工の準備が進められていた。ここで、丸ビル建替え計画の街づくり上の意味ととらえ方について振り返ることとする。

一九九六年春、三菱地所は丸ビルの具体的な計画立案の作業を開始する。そして、同年の秋にその計画の骨子をまとめ、関係先との開発協議の段階を迎えた。この半年の期間、丸ビルの建替えへ向けて、丸の内全体の将来の方向性を踏まえた構想案の策定に取り組んでいた。その基本的な認識は以下の視点に立つものであった。

①長期にわたる街の更新を支える理念と将来像の公民の共有が必要なこと。

②街の更新に関わる公民による継続的な協議の場が必要なこと。

③都市空間の形成の作法やルールの関係者間の共有が求められること。

④連続的なビルの更新と既存ビル群とが共存する空間のマネジメントが問われること。

⑤長期的な街の更新には、価値観の変化への柔軟な姿勢が欠かせないこと。

こうした考え方の整理には、当地区の全地権者の集まりとしてすでに設立されていた「大手町・丸の内・有楽町地区再開発計画推進協議会（以下、協議会）」に東京都、千代田区、JR東日本を加えた四者による「大丸有地区まちづくり懇談会（一九九六年三月設置、以下、懇談会）」での議論が必須であった。丸ビル建替えの開発協議と丸の内の将来像に関わる公民による街づくりの検討は並行して進められたのである。懇談会は、街の将来像の共有と街づくりルール（やがて、「まちづくりガイドライン」に結実する）、さらには、それらと都市計画制度との関係を継続的に議論する場となっていくのである。こうした協議会と懇談会を軸とする街づくりの仕組みは、〈みなとみらい〉の街づくり協議会と街づくり基本協定との関係に共通性が認められよう。細部は異なるものの、公民の関係や街の将来像と都市空間のとらえ方などに関しての公民協議型の街づくりの時代を迎えていたのである。協議会や懇談会の議論の方向は、業務単一機能のビジネス街から多様な都市機能の活気ある都心への転換を図ることにあった。その背景には、一九九〇年代半ばから顕著となった東京の相対的な国際競争力の低下傾向への危機感が都心のビジネスセンターの再生の議論を加速していたことがある。国の「東京都心のグランドデザイン」（一九九五年）、東京都のりである。

「区部中心部整備指針」（一九九七年）、千代田区の「都市計画マスタープラン」（一九九八年）の動きであり、地元の協議会での「丸の内の新生」の提言（一九九六年）等の機運の高まりである。

丸ビル建替え計画はこうした協議会や懇談会の動向と平行して検討が進み、次のような丸の内全体を視野に置いた基本認識に立ってまとめられていった。丸ビル建替えは、一〇〇m四方の街区でありながらも、その立地場所とシンボル性から丸の内の将来像と不可分の関係にあり、都市計画的な整理が不可欠との認識に立ったことによる。以下にその骨子を記す（現在、理解しやすい表現としている）。

①面的な事業展開を意識すること。（丸の内に形成された価値）

丸の内全体を視野に置き、利便性、街並み、企業と人材の集積、街のステイタスを資産としてとらえること。街区単位の連続的な更新を積み重ねて地域の魅力を高め、他のエリアとの差異化を図り丸の内の特性を再構築すること。

②拠点ビルによる中心性を創出すること。（丸ビルは拠点ビルの一つ）

人の結節点である駅に近接する街区に多様な都市機能を有する複合機能ビルを配して、ビジネスセンター活性化と街の賑わいの中核を形成する。周囲の一般オフィスビルとのつながりを意識してワーカーの生活サポート機能を担っていくこと。

③時代の価値観の変化に対応すること。（連続建替えのメリット）

時代をリードし、時代の変化に応じた鮮度を有する拠点ビルと、効率的で上質な執務環境を提供する一般オフィスを組み合わせた開発手順を意識する。丸ビルはその先導役を担うこと。

④街路と建物低層部の連担による街並み型の都市空間を創出すること。（仲通り改造）
建物低層部に街の活性化用途を配するとともに街路環境の改善を図り、ヒューマンスケールの緑と賑わいの空間を創出する。あわせて、既存の地下歩行者空間を生かして、建替えが進展するごとに地下歩行者ネットワークの拡張と利便性の向上を図ること。

⑤丸の内らしい都市空間形成の作法や都市デザインに取り組むこと。（都市デザイン）
丸の内の隠れた秩序（東京駅と皇居、街づくりの歴史、街路構成、地下道、都市景観、地勢・方位等）を活用する。街並み形成は緩やかなデザインマネジメントを意識する。交流、情報発信、宿泊、文化等の人々の活動に関わる多様な機能を次代の丸の内の活動の基盤、パブリック性のある空間としてとらえること。

ここで⑤の「方位」について補足しておく。方位の意識は、皇居の存在とともに、街路の南北方向の軸性への注目でもある。丸の内の中心を貫く丸の内仲通りは全長一㎞を超える南北方向の街路である。したがって、昼を中心に日の差し込むこの街路では、夏は木陰を、冬は陽だまりを形成する樹幹の広がる街路樹が快適な環境を生み出すことが可能となる。また、皇居のお濠に沿う日比谷通りの建物は夕日が映える景観を生み出す。こうした方位への意識は、ビル街の都市景観形成にとって意識すべき要素との認識である。

こうした①から⑤の考え方を踏まえて、丸ビル建替えは丸の内の次代を開く先導的なシンボルプロジェクトとして位置付けられ、中核であるオフィスを軸に大規模な商業店舗とビジネス交流機能を加えた複合ビルとしての構想を固めていった。丸ビルのデザインは、東京駅前広場を囲んで形成された歴史的な軒高三一ｍの整然とした都市景観を尊重し、軒高三一ｍを継承した低層部を設け、また、その後の新丸ビル建替えに備えて高層棟の壁面位置を設定した（行幸通りのセンターから五〇m位置）。あわせて、丸の内仲通りは環境改善とともに進められたショッピングストリート化により賑わいの都市軸への転換を図ることとした。ここに、丸の内の将来像を先導する丸ビル建替え計画は具体的な歩みを始める（一九九九年四月着工、二〇〇二年八月竣工）。延床面積約一六万㎡、最高高さ約一八〇mの丸の内の拠点ビルの誕生である（図3）。

丸の内再構築の草創期の議論を振り返ると、〈みなとみらい〉での街づくり基本協定や横浜ランドマークタワーの経験とつながる要素を見出すことも可能だろう。先導性のあるシンボルプロジェクトには、街づくりを方向付ける力があり、街の将来像を指し示す役割がある。街の将来への社会的な信頼感の形成に大きく関わるのである。また、丸の内再構築において、三菱地所は「リニューアル＋連続建替え＋エリアマネジメント」の三位一体の取組みによる街全体の早期更新を図る姿勢を打ち出したのだが、そこに〈みなとみらい〉での経験が生きているとも言えるだろう。

五－四　賑わいの都市軸——クイーン軸と丸の内仲通り

クイーン軸とランドマークプラザ

25街区を貫通するクイーン軸は、街づくり基本協定に幅員一五mの歩行者専用の公共歩廊と位置付けられている。我々はこのクイーン軸が貫通する大規模商業施設「ランドマークプラザ」を計画することとした。賑わいの都市軸を商業空間づくりの主題としたのであ

図3　建替え後の丸ビル（左）と新丸ビル（右）

る。それは五層、長さ二〇〇mのガレリア空間のショッピングモールである。大スケールのガレリア空間と共存するヒューマンスケールの賑わい空間づくりが課題となった。桜木町駅からつながる一五m幅員の公共歩廊を三階で迎え、ゲートとなるアトリウムの広場で七・五m幅員の二つの公共歩廊に分けてガレリア空間の両側に配した。二つの公共歩廊の間には長大な吹抜け空間が創出された。各々の公共歩廊の片側に沿って魅力ある二〇〇mに及ぶ店舗ファサードを並べることとした。店舗のファサードを眺めながら歩む人々は、ガレリア空間を介して反対側の店舗ファサードとショッピング客の賑わう空間を楽しむこととなる。また、二、四、五階にも同様のショッピングストリートが形成される。一階はガレリア空間の底部を構成する広場が配置され周囲を店舗ファサードが連なる構成である。こうして、約一九〇店舗からなる賑わいにあふれる五層のショッピングモールの創出を実現した。この賑わいの都市空間形成の基本とした計画概念は、街づくり基本協定の記された「コモンスペース」と「アクティビティフロア」である。コモンスペースは、「賑わいあふれる豊かな都市生活の場を生み出すために、都市の屋外空間と建物とを結び付ける中間領域としての空間（コモンスペース）の積極的な設置に配慮する。これらの空間は、原則として人々の自由に出入りできる場であり、その形態は、通り抜け通路、中庭、建物内の吹抜け空間等、それぞれの創意による多様な演出に配慮する」と記されている。また、アクティビティフロアは、「街の賑わいを演出するため建物低層階（アクティビティフロア）においては、原則として店舗、ショールーム、サービス施設等、人々が自由に利用できる施設の設置に配慮する。特に歩行者空間のネットワーク沿いでは、十分に配慮する。形態的には、街の賑わいの連続性を保つように配慮するとともに、適切なスケール感により街を行く人々の感覚に親しい階層となるよう配慮する」と記されている。ランドマークプラザ一階の広場と三階の公共歩廊部分にコモンスペースの概念を適用し、五層のショッピングモールの通路沿い店舗計画のすべてにアクティビティフロアの概念を適用して空間デザインを進めたのである。そして、店舗のデザインルール、通路や広場の環境デザイン、サインや、イベント対応設備の設計に反映された。こうした実践的な経験は、丸の内での商業空間形成や丸の内仲通りの改修とつながっている。

また、こうした計画概念の成立は、街づくり基本協定に先立つ調査研究に根差しており、その一つに丸の内の都市空間を反面教師とする視点があった。当時の丸の内の街路空間は、金融店舗の閉まる午後三時以降や土日祝日ともなると人気の少ない寂しい街並みととらえられ、路上駐車の姿がその印象をさらに深めていると指摘された。ヒューマンスケールの空間に多様な人々が活動する人間主体の都市像を描く〈みなとみらい21〉には、反面教師と映る景観である。しかし、そうした議論は丸の内の街のあり方の再考の機会であり、将来への学びの場ともなったのである。建物と街路の関係、街路の幅員・仕様、緑のあり方、沿道建物の用途、都市の広場、ストリートファニチャーとサイン、そして非日常の催事空間等、都市空間デザインの様々な要素を研究する場となったのである。丸の内再構築計画に直面したとき、こうした研究は多くのヒントをもたらしたのである。

丸の内仲通りの改修と賑わいの都市軸づくり

二〇〇二年の丸ビル建替え竣工と同時に、丸の内仲通り第一期改修工事は竣工した。二〇〇七年の第二期改修工事竣工により、約八〇〇mに及ぶアメニティ賑わい軸が形成されたのである。丸の内仲通りは一八八九年に公示された市区改正設計に描かれた南北方向の軸性を持つ歴史ある街路であり、高度経済成長期の丸の内再開発で幅員二一mに拡幅されて街路の両側に軒高三一mのオフィスビルのファサードが連なる街並みを形成した。丸の内仲通りの改修内容は、両側歩道幅員の拡幅（各六m→七m）と車道幅員の縮小（九m→七m）、歩車道舗装の石張り化、歩車道段差の解消（五cm、切り下げ部二cm）、街路樹の複数樹種の採用と自然樹形の維持、歩道への彫刻の設置等であり、景観の一新が図られるとともに、建物低層部の店舗化も進められた。さらに、店舗前面歩道でのオープンカフェ、歩道へのベンチや鉢物植物の設置による休息空間の形成などの方策が公民協議と沿道地権者の理解を得て実現していった。〈みなとみらい21〉の「コモンスペース」や「アクティビティフロア」の経験が生かされている（図4、5）。自然樹形の街路樹は豊かな緑被量を生み出して夏の緑陰を創り出し、歩道に置かれた鉢物や街路灯に架かるハンギングバスケットの草花も加わって季節感あふれる緑の軸性を強化している。こうした街路景観は、歩道部分を公民の中間領域ととらえて活気ある都市空間を形成したいとの意図から生まれている。道路の通行性能に加えて、環境性能を高めて快適性とアクティビティの向上を図っている。こうして丸の内仲通りは、昼と夜、四季の変化を感じる個性的な都市軸へと変貌した。〈みなとみらい21〉の中間領域重視の姿勢は、横浜ランドマークタワーから一〇余年の熟成の中で確かな手法として丸の内へと伝わっているのである。

図4　ランドマークプラザ5層のショッピングモール。3階に公共歩廊が貫通する

図5　丸の内仲通り

五-五　歴史的建造物の保存活用 ―ドックヤードガーデンと三菱一号館美術館

旧横浜船渠第2号ドックの保存活用

　横浜築港計画に連動して設けられた旧㈲横浜船渠の造船所は、横浜港に出入りする船の修繕や新造船の役割を担うべく横浜の地元財界と三菱合資会社により設立された。その最初の修繕用ドックが旧横浜船渠第1号ドック（一八九八年竣工）と同第2号ドック（一八九六年竣工）である。第2号ドックは、当時の新型商船（二〇〇〇～三〇〇〇トン級）の修繕用に築造されたドックである。戦後は捕鯨用キャッチャーボートの修繕に活躍し、一九七〇年頃にその役割を終えている。第1号ドックは日本丸を係留する姿で、日本丸メモリアルパークの中心的な景観を生むに至っていた。第2号ドックは、横浜市と三菱地所の共同調査の中で建築設計、建築史、土木、商船・造船史、造船技術者等の専門家の参画を得て議論された。そして、都市の広場としての保存活用に必要な改変範囲の特定と必要な技術的対応を図ったのである。確認された産業遺構としての歴史的評価は、①横浜港の発展に果たした価値、②現存する最古の民生用ドックの価値、③商船史・造船史上の価値、④凹型空間の特異な形態と空間デザイン的な価値の四つであった。

　保存にあたっては、街区内の施設配置と計画道路（現、さくら通り）との関係を調整してドック全体を北方向へ三〇mほど移動した上で渠内長の若干の短縮（一一七mを一〇七mに）を図っている。深さ約一〇mのドックの底盤部を広場として活用する必要上、底盤部は新たな石材で張り替えて平坦化している。また、長大なドック両側の地上部広場を結ぶ鋼製の橋と、ドックの海側開口部に底盤に至る階段状の石の広場を付加している。なお、ドックを構成していたすべての石材はいったん取り外して保管し、ランドマークタワーの工事工程の中で再度積み直されている。ドック全体を都市の広場として水のない乾ドック状態とする必要から、建物地下部分との一体的な構造対応を図っている。総数約一万二〇〇〇個の石材（小松石）は、約八〇〇〇個を復元に使用し、ドックの短縮と底盤の広場化等により使用されなかった石材の多くは、東京のニコライ堂の修復や横浜市内の公園づくり等に活用された。こうして国内外に類を見ない乾ドックとして、都市の広場「ドックヤードガーデン」（図6）に再生されて現在に至っている。また、一九九七年、活用型土木産業遺構として国の重要文化財の指定を受けている。一八九六年の竣工からほぼ一〇〇年後のことである。

三菱一号館美術館

一九九六年は丸の内再構築の始動の年。そこでは、街の歴史認識が重要なテーマになると認識されていた。こうした認識は、一九八〇年代半ばに三菱地所が行った都市センター丸の内の研究に根差していた。建築史、都市計画、芸術文化、文学、経済史等の専門家の参加を得て進められた二年間にわたる調査である。銀

図6 ドックヤードガーデン（横浜ランドマークタワー敷地内に都市の広場として保存活用された旧横浜船渠第2号ドック）

座、日本橋との比較の視点から、丸の内ビジネスセンター形成の歴史を再確認する作業であった。それは江戸の町割を基本にして明治、大正、昭和にわたり形成された丸の内の現在の姿への理解を促すものであった。

また、横浜での第2号ドックの実践的な経験は、歴史との向きあい方、議論の場の設定方法、保存活用案の作成とその評価手法、様々な制度の適用の可能性、そして、社会との合意形成の進め方等に関わるノウハウの蓄積へとつながっていた。そこでは、歴史的建造物の姿を正確に記録保存すること、その価値を専門家の知見を基に多面的に整理すること、そして、保存活用の方針と具体的保存方法、効果的な活用方法、全体の事業的な妥当性の確保、進行プロセスの透明性の確保の重要性の認識であった。そして、具体的な歴史建築の保存活用にも直面する。日本工業倶楽部会館（一九一八年竣工、二〇〇三年保存復元竣工）である。これは関東大震災を被災した建築物の保存活用が主題である。日本都市計画学会への委託により進められた委員会の提言を基に導き出された結論は、全体の三分の一を保存、被災の跡が残る三分の二を解体し復元を図る内容である。そして保存復元建物全体を登録文化財の指定を受ける道筋であった。そして、三菱一号館復元が議論の俎上に上がってくる。かつて、丸の内の嚆矢として誕生した赤レンガ三階建ての三菱一号館は、第二次世界大戦後の高度経済成長期の再開発計画の中で一九六八年に解体され、新たなオフィスビルに建て替わった経緯がある。その後、四〇年近くを経過して、三菱一号館のあった街区の再開発の時期を迎えて、あらためて丸の内の原点である三菱一号館復元の動きが具体化したのである。復元計画に際しては、日本都市計画学会に復元に関わる都市計画的課題と復元のあり方に関する調査を委託し、都市計画、建築史、文化財等の専門家の議論を経て復元の方針を見出していった。そこで見出された復元の価値は次の四点である。

①ジョサイア・コンドルの設計作品としての価値
②貸オフィスビルの原点としての価値
③丸の内オフィス街の原点としての価値
④コンドルの設計思想や当時の技術を解明する価値

そして復元のあり方として次の四点の提言がなされている。

①コンドルの当初設計に基づく三菱一号館の正確な復元を可能とすること
②復元建物は誰もが空間を体験できる公共性、公益性、公開性のある用途が相応しいこと
③建物は正確な位置に復元することが重要であること
④都市の景観や環境の観点から、L字型の平面形態を持つ三菱一号館の中庭を賑わいのある都市の広場とすること

こうした整理に基づき、三菱地所は三菱一号館を復元し美術館として活用することを表明する。具体的な復元設計は日本建築学会に調査研究を委託してその骨子が整理され、設計施工段階の過程でも様々な助言を得て実現するに至っている。

こうした経験の中で、歴史的建造物の保存活用の取組みには、①建造物の歴史的価値（意匠、技術等）とともに、②地域景観への寄与、③地域社会に果たした役割・歴史的事実の場、といった三つの観点からの整理が必要になるとの認識を得た。そして、歴史の継承には将来の街づくりへの新たな役割を担う保存活用の図り方と歴史的建造物に新たな命を吹き込むことに意を払うことの大切さである。三菱一号館美術館は、街の歴史を再現した建物に将来の街の芸術文化拠点の役割を期待して復元されたのである。三菱一号館の復元

竣工（二〇〇九年）（図7）の翌年の二〇一〇年四月、三菱一号館美術館は開館する（図8）。その後の六年間で開催された展覧会は二〇回、毎年三〇～四〇万人の来館を見ている。

五-六 都市の活性化と育成用途

〈みなとみらい21〉から丸の内へ──エリアマネジメントの視点

一九九〇年代、〈みなとみらい21〉の街づくり協議会では様々な調査研究が進められていた。色彩や暫定土地利用、都市管理、駐車場誘導システム、街の新たな導入機能などである。ここで、印象に残る二つのテーマに触れてみたい。一つは都市管理である。〈みなとみらい〉地区では、道路・公園・広場・敷地内の公共歩廊や公開空地などの特色ある公共的な都市空間が生み出されていた。こうした都市空間が十分に機能するには、その管理水準と多様な活用への柔軟な運用が必要と認識されていた。公共物管理ルールと運営主体、そして管理運営費用の原資に関わるテーマである。この議論は、当時、一般的な公共空間管理の考え方との関係の整理等の限界もあり、新たなルールや仕組みを定めるまでには至らず、個々の街区の運用の中での解決に努めるに止まったと記憶している。しかし、この議論の先にエリアマネジメ

図7　2009年に復元された三菱一号館（美術館として活用、写真：三菱地所提供）

ントの芽が見えていたのである。こうした議論は丸の内再構築の大切なテーマとなり、公共空間を活用した多くの実験や様々なイベントが継続的に試みられたのである。その対象エリアは、敷地内公開空地から仲通りや行幸通りに、そして丸の内全体へと広がり、街の活動空間や地域イメージの形成へとつながっていったのである。

二つ目は街の新たな導入機能を探る調査研究である。街の活性化の契機となる小さくても効果的な施設やサービスの議論である。街で働く人、暮らす人、訪れる人々のライフスタイル、ワークスタイルに関わる視点である。これらは、防災と防犯、健康と環境、企業活動や就業者の支援、来訪者への案内などに関わる様々な施設、サービス、仕組みを考えることであり、人々の交流の促進や街の成熟へ向けた方策を練ることである。丸の内での街の活性化と新たな機能の育成へ向けた展開と同様な考え方に立っていたと認識している。

丸の内の活性化と街ブランドの展開

丸の内では、街の活性化を促す様々な機能の導入が必要と考えられていた。ビジネス活性化の機能では、情報通信基盤の整備、ベンチャー育成とビジネスクラブの展開、ミーティングスペース、ホール、カフェ等の交流スペースである。また、就業者支援の機能では、託児所、女性専門や外国語対応診療所、ビジネスや教養等の学びの場など

図8 三菱一号館美術館の中庭（緑の憩いの広場、写真：三菱地所提供）

の展開である。そして、公共空間と建物が生み出す中間領域での様々なイベントの開催は、街のイメージやブランド形成に資する試みとして取り組まれていった。三菱地所は、こうした街ブランド形成の諸方策を主導的に展開したのである。やがて、それらの試みは丸の内エリア全体での取組みへと広がりを見せ始めた。街づくり協議会が中心に進めるエリアマネジメントの多様な展開である。防災防犯、環境共生、朝大学、都市と地方の交流、街の管理運営、都市観光など、様々な要素を持つプラットホームの形成である。

丸の内の街ブランドとは何か、街に関わる企業や人々に街の品質を約束すること、信頼を得ることだろうと感じている。それは継続性のある街の運営を必要とし、街全体の視点に立つエリアマネジメントが可能性を広げてくれる。様々なステークホルダーの合意形成が大切であり、すでに述べた協議会や懇談会の果たす役割に大きな期待がかけられるだろう。そして、丸の内のエリアマネジメントは、都市活動の多様な集積、情報と交通の巨大な結節点、都市空間の持つ特異性から、丸の内エリアを越えて社会的な広がりを持つ多彩な交流のプラットホームの役割も果たし始めている。丸の内の価値と可能性をどう生かすのか、今後の活動が期待されるところである。

五-七 まとめ

〈みなとみらい21〉と丸の内再構築に通底するものは何か、以下の五つに整理してみた。

①将来像の共有と変化への対応

長期的な基幹理念と目標となる将来像を主たるステークホルダー間で共有すること。

その価値観を公民で共有することが力となる。時代の変化に対応する議論の場が必要。

②都市空間形成のルールの共有

将来像を見定めた公民が共有できる緩やかなルールが有効である。具体的に効果を生み出す上で、都市計画等の諸制度の対応が期待される。ただし、時代の変化への柔軟な運用を視野に置きたい。

③歴史への視線

地域固有の歴史の尊重は街の将来を描く力となる。歴史的建造物の価値に目を向け、その保存活用のために過去と未来をつなぐ視点に立つことが肝要だろう。

④街づくり促進のプログラムと新たな機能導入

効果的な開発プログラム（先導的プロジェクト、エリアマネジメント等）や新たな機能導入は、街のイメージやブランド形成の視点から具体的な方策を考えたい。

⑤エリアマネジメントの視線

都市空間の主役は人間である。その活動に応じた空間の管理運営の質が求められる。そこには、エリアマネジメントと関連諸制度の議論の広がりと深まりが欠かせない。

現在、丸の内の再構築の動きは丸の内から大手町へと広がりを見せている。この動きを加速したのは、「連鎖型再開発」手法である。先行する再開発で生まれる質的向上が図られた新ビルに次の再開発で建て替わるビルが移動することで、ビジネス活動を停止することなく順次更新を図ることが可能な開発プログラムでもある。そして、地域のビジネス活動は継続、強化されていく。大手町の将来像とその具体化プログラムが描かれたことにより、連鎖の対象でない街区の再開発の進展をも促している。また、丸の内再構築は、「経済再生＝都市再生＝環境再生」の視点に立っている。そこで注目されるのが、都市の継続性と地域性を踏まえたエリアマネジメントの様々な取組みである。丸の内で進められている都市更新プログラムとエリアマネジメントの両輪による街づくりは、これからも時代の価値観の変化に対応して柔軟な発想に立って進められることが期待される。こうした丸の内での様々な試みは〈みなとみらい〉地区へも還流して、次の時代の日本の街づくりの思想や新たな仕組みづくりを生み出すことだろう。両地域には多くの差異とともに共通する課題もある。相互に学び合い連携するアプローチも可能なのかもしれない。

II

持続する都市

技術、空間、思想、潮流を包摂し、マネジメント

日本丸メモリアルパーク

一　港湾都市の再開発

コンテナリゼーション以前、栄華を誇ったニューヨーク、ロンドン、リバプールは今や物流港としては三流で、それまで無名だったロッテルダムや香港、そしてシンガポールが世界のハブポートになっている。

最近、中国の経済的台頭は凄まじく、二〇〇八年のコンテナ取扱量で見ると、今や世界の物流港湾トップ一〇は、シンガポール港、上海港、香港港、深圳港、釜山港、ドバイ港、寧波港、広州港、ロッテルダム港、青島港の順になっている。トップ一〇のうち、中国は六港も占めている。

一九六〇年代当時は誰もが、コンテナを開発したマクリーンですら、コンテナリゼーションが世界をどう変えるかを正確に見通した人はいなかったであろう。

そこで、本稿ではコンテナリゼーションの発展により、物流におけるトップの位置を失った港湾都市がどのように再生（再開発）してきたかを俯瞰的に見て、その再開発の仕組みを理解してみようと思う。

一―一　イギリス病に蝕まれた港湾都市の再開発

イギリスの衰退は急に始まったものでなく、その兆候は産業革命が始まって約一〇〇年後の一九世紀末の工業全般が、アメリカおよびドイツの急追に対応できなくなったことに始まる。なぜ対応できなくなったかと言うと、それはイギリスが一八世紀に世界最初の産業革命国であることに起因するからである。産業革命によって資本家に変身した経営者の多くは、王侯、貴族に次ぐ中産階級のジェントルマンとなり、スノービズムの体現者として頑固にその生活様式を守り、商業的・工業的成果を蔑視し、実務は支配人任せとなった。そうなると畢竟、新産業や新技術の導入に無関心となり、たとえ新技術を導入しても失敗に陥る事例が多かった。この傾向は現在でも見られ、社会構造におけるエンジニアの位置付けは極めて低い。産業革命の時代の初めからイギリス人はすでにイギリス病という病に侵されていた。

産業革命は多くのブルジョワジー（富裕層）という新たな階級を、王侯貴族と一般庶民との間に創出させた。石炭の煙と塵芥に汚染されたロンドンは毎日スモッグに覆われた。このスモッグこそが有名な「霧の都ロンドン」の代名詞である。その結果、ロンドン市民の多くが気管支炎や皮膚炎を患うようになった。それは一般市民に特有の病ではなく、ブルジョワジー、王侯貴族もまた被害者となった。そこで避寒地およびサナトリュームとして、一躍脚光を浴びたのがブライトンであった。一八世紀中頃、ブライトン在住のリチャード・ラッセル医師が、健康を害したロンドン市民のために健康法の一つとして海水浴を勧めた。それが世界で初めてのＳＰＡと海水浴場の起源となり、世界中に広がっていった。

イギリスでは、二〇世紀に入っても全紡績数の八〇％以上は旧態依然たるミュール紡績機（一七七九年にイギリスのS・クロンプトンが発明した糸を撚りながら紡ぐ機械）を、鉄鋼業でもジーメンス・マルタン法（平炉による製鋼法）からトーマス法（転炉）の導入に失敗し、小規模投資ですむ平炉生産を用いていた。化学でも第二の産業革命国ベルギーの開発したソルヴェイ法（ガラスに用いる炭酸ナトリュームの製造法）の導入に失敗、旧態依然のルブラン法による生産に頼って、その技術革新に対応する努力さえ怠るようになっていった。さらに、二〇世紀になるとイギリスは資本を海外に投資し始めるが、第一次大戦、ロシア革命などで多くの海外資産を喪失した。旧態依然たるイギリスに止めを差したのは、第二次大戦で債権国から債務国に転落し、ブレトンウッズでポンド・スターリング体制は崩壊し、ドルが国際基軸通貨となる新体制に移行したことである。これによりイギリス経済はサッチャー改革まで長期低迷を余儀なくされてしまうのである。特に第二次世界大戦以降の経済の衰退を揶揄するものとして使われ、サッチャー首相による大改革が始まったと言えよう。

老いさらばえたイギリス紳士にさらに追い打ちをかけたのが、七〇年代のコンテナリゼーションの到来である。ロンドン、リバプールはイギリスを支えた基幹的な港湾都市であったが、物流ルートから乖離した立地条件と、大型船舶が入港できる水深および水域施設、広大なコンテナヤードなどの荷さばき施設の確保などの整備の遅れなどから、ヨーロッパの港湾荷役の主流はオランダのロッテルダムへとシフトしてしまった。イギリスは、長い期間にわたって産業の衰退、失業問題、人種問題（旧主国として植民地の人々にイギリス市民権を与えたことによる移民の増加）、さらには「都心近接低所得地域」や「都心近接低開発地域」などのインナーシティ問題など社会経済状況の悪循環に苦しんできた。これら「イギリス病」と言われる現象も、一九八〇年代のサッチャー首相の出現により、経済環境が徐々に上向きに転換するようになった。一九七〇年代のイギリスは、製造業の衰退、失業率の増大、ＧＤＰに占める公共部門の比率の増大、財政赤字の拡大という福祉国家の行き過ぎなどの諸問題を抱えていた。また、都市の富裕層は郊外へ転出し、低所得者層や高齢者等の社会的弱者が都心部に滞留、近代的生産設備や意欲のある起業家は郊外へ転出し、都心部の工業地帯は遊休化する傾向にあった。一方、一九四四年に制定された都市計画法等の強制収容権の行使により、地方自治体は都心部にかなり広大な遊休公有地を抱え、規則に縛られて受動的な不動産管理しかできない状況におかれていた。このような中で、都市整備の分野では「エンタープライズ・ゾーン（ＥＺ）」「都市開発公社（ＵＤ）」などの戦略的計画誘導策や事業スキームが実行された。その代表的事例がロンドン・ドックランド地区再開発であった（図1）。

インナーシティ再開発の切り札といわれたＥＺの設置の目的は、従来の都市や地域計画上の規制や税制上の枠組みを撤廃ないしは緩和することで、どれくらい産業・経済活動が活性化するのかを、いくつかのモデル地区を対象に実験することにある。したがって、その政策効果を点検するため、ゾーンの設定は全英を対象として多様な状況下にある異なるタイプの地域においてなされた。このようにＥＺは局地的な問題地域を対象とした都市政策の実験としてスタートした。ＥＺに指定されると、その日から一〇年という限定された期間に

図1　再開発されたドックランドの金融地区

おいて様々なインセンティブがゾーン内の既存企業と新設企業に与えられ、変革の起爆剤となった。

イギリスでは一九八一年から九二年にかけて一三の都市開発公社（UDC）が設立され、九八年三月までにすべてのUDCが精算された。また、一九九七年にブレア政権が発足すると、地方分権の推進による地域再生に関わる大幅な政策転換が行われ、新たな事業スキームとして「地域開発公社（RDA）」を設置し、都市衰退の原因を特定し、都市に人口を呼び戻す現実的解決策を検討するアーバン・タスク・フォースがロジャーズ卿を中心に検討された。UDCの事業終了後、政府による新しい都市再生のための機関として「イングリッシュ・パートナーシップ（EP）」が設立され、全国各地に地方自治体と国、そして民間企業を中心とする官民のパートナーシップ組織形態による都市再生会社（URC）の設立を推進するため、リバプール、マンチェスター、シェフィールドの三都市をパイロット事業に指定した。URCは、土地や建物の再整備という不動産開発を中心に残す傍ら、地元の職業訓練、コンピュータースキルの向上教育、新規産業の育成などの問題にも関わり、社会的側面での取組みを強めている。この背景には、欧州連合（EU）の成立が大きく影響している。イギリスにおける地方分権化の流れは、地元地方公共団体の意向を重視し、居住者や地元企業、非営利組織等とのパートナーシップにより都市再生を進めている。URCは国によって認可されるもので、二〇〇四年五月現在、七のURCが設立認可されている。ここで、港湾都市のリジェネレーション・アーバンデベロップメント（再開発）事例であるリバプールについて見てみよう。

イギリス中部のリバプール市は、一九世紀初頭、新大陸とアフリカ、そしてヨーロッパとの三角貿易で最も繁栄した商業港湾都市であった。アメリカからヨーロッパへ砂糖を輸入し、ヨーロッパからアフリカへは日用品や武器を輸出する、イギリスに都合のよい一方的な三角貿易であった。その延長で、産業革命時には繁栄を極め、造船業を中核とするイギリスの代表的工業港湾都市であった。しかし、一九六〇年～七〇年代の都市・産業構造の急激な変化の中で失業者が増加し、人口も大幅に減少（七四六万人／一九六一年～四四八万人／一九九一年）した。その結果、リバプール市は総合的な都市再生が求められてきた。その対応の中心は、サッチャー政権樹立後の都市活性化策であった中央政府主導による「マージーサイド都市再開発公社」を一九八〇年五月に設立（一九九七年解散）し、アルバート・ドック地区等の開発を国、EU等の資金を活用して行ってきたことである（図2）。しかし、現実には十分な成果を挙げることができなかった。その理由は、第一に個別プロジェクトのみの展開で各プロジェクトをつなげる枠組みがなかったこと、第二に行政のリーダーシップが欠如していたことが指摘されている。しかし、一九九三年に都市再生庁（UR Agency）が創設され、一九九八年一一月の議決を経て地方開発庁（RDA）が設置された。このRDAの支援を受けて、リバプール市では一九九九年六月「リバプール・ビジョン」を策定した。前述のロジャーズ卿を中心とするアーバン・タスク・フォースが、一九九九年六月に新しい都市再生策として提言した市町村が自ら都市再生を引き起こすための「アーバン・リジェネレーション・カンパニー（URC）」の設立にも呼応したものである。

リバプール・ビジョンは株式有限責任会社であり、構成メンバーはリバプール市、イングリッシュ・パートナーシップ、ノースウエスト地方開発庁の三者である。事業計画の

図2 アルバート再開発地区

策定や組織に関わる意思決定は一二人の理事会で行われている。職員は二五名（うち市出向が一五名）、実務の責任者はジム・ギル氏である。開発計画はプロジェクトの計画、設計ではなく、イニシアティブを評価し、シティセンターに投資をもたらす基準を提示するための柔軟な枠組みとして作成されている。また、目標とする二〇〇七年はリバプール市がジョン国王より自治区と港湾の公的地位を授かった八〇〇年にあたり、さらに二〇〇八年はEUの「欧州文化都市」の指定を受けることを目標にしていることから、より積極的な再生プロジェクトの実現を目指す開発計画となっている。なお、計画の目玉は、ビジネス街や商業地区をつなぐ主要な南北ルート、リバプールの国際的な顔であるピアヘッド地域、シティセンターの玄関口であるライムストリート駅を中心とするアクション・プログラムが立てられている。また、年間予算は日本円で約四億円であり、構成メンバー三者が均等に負担している。

一―二　アメリカ港湾都市の再生とウォーターフロント再開発

アメリカにおける港湾都市再開発の潮流はヨーロッパのそれと少々異なるが、第二次世界大戦後の社会システムの変革（企業のコングリマリット化と国際化）が安価な労働力と原材料を求めて海外に移転して、都市の空洞化が急激に進展した。

それにあわせたように、コンテナリゼーションというこれまでとは異なる物流システムの変革が契機となったことは言うまでもない。コンテナリゼーションというのは、コンテナという輸送のための容器を媒体とした海（船舶）、陸（自動車・鉄道）、空（航空機）の一貫輸送体系で、大量の物資を短時間で輸送可能にする仕組みのことである。荷役の効率的パッケージ化により、大幅な輸送コストの削減とあわせて包装費、倉庫料、保険料の削減も可能となった。コンテナリゼーションは世界の物流システムに大きな影響を与えたと同時に港湾および港湾が立地する都市さえ、その生き死を左右する仕組みとなった。最終的にコンテナリゼーションによる物流革命に生き残ったアメリカの港湾都市は、東海岸ではニューヨーク・ニュージャージー港、西海岸ではロサンゼルス港であるが、アメリカ最大の貨物取扱高はサウスルイジアナ港である。次いでヒューストン港である。両港湾都市はメキシコ湾に面した南部である。ちなみに、ニューヨーク・ニュージャージー港は第三位に位置付けられており、ロサンゼルス港は第五位である。現在、アメリカの元気な港湾(コンテナリゼーションで対応し生き残った)は約一五港ある。これ以外の港湾はマイアミ港のようなクルーズ船ターミナル、ミシシッピーなどの河川港のフェリーターミナル、そしてボルチモア港のウォーターフロント再開発で成功したエンターテインメント型観光都市である。アメリカの港湾都市は、低所得層による窃盗や危険薬物の取引、不法ギャンブルや売春地域として、普通の市民が近づくことのできない不潔で危険なダークゾーンであった。これらのダークゾーンを再開発しようとする動きは一九六〇年代から始まっている。このダークゾーンの広がりによってベイエリア再開発、あるいはウォーターフロント再開発とよんでいる。都市の構造(アーバン・ファブリック)や交通体系まで含んだかなり広域の再開発をベイエリア再開発、たとえば、サンフランシスコ湾のようにサンフランシスコ市(図3)、サクラメント市、バークレー市、オークランド市、リッチモンド市などの湾三域全体の環境整備と都市の活性化を企図した計画はサンフランシスコ・ベイエリア計画

図3 サンフランシスコのピア39

とよばれている。それに対し、港湾地区に限って用途の変更や公園などのアメニティ整備などの狭い範囲の開発行為をウォーターフロント再開発と称することが多い。その代表的計画がボルチモア・ウォーターフロント再開発である。

一九世紀初頭まで、ボルチモアはアメリカにおける国内外の先導的な貿易港のみならず、ヨーロッパからアメリカへの移民の玄関口であり、移民の多くがそのままボルチモアに定住するようになり、その繁栄を誇っていた。しかし、一九〇四年の大火によってダウンタウンの商業・金融およびドック地域は軒並み崩壊してしまった。その後、すぐに街並みは復旧されたものの経済的下落傾向に歯止めをかけることができず、第二次世界大戦後にはますますボルチモア・インナーハーバーは疲弊していくこととなった。ボルチモアは第二次世界大戦中から一九六〇年代までは軍需産業、鉄鋼、造船、石油精製業が発展し繁栄していた。しかし、六〇年代に入ると重工業、特に鉄鋼業の衰退が始まり、南部からのアフロ・アメリカンの流入による市内住宅地のスラム化、臨海工業地帯と港湾地域の公害の深刻化、郊外へのスプロールによる中心商業地の衰退などアメリカ大都市問題の縮図となった。一九五九年に市と経済団体は二〇〇万ドルの資金と三三エーカーの土地で、チャールズセンター再開発計画を始めることとした。この再開発計画こそが、ボルチモア・インナーハーバー再開発の契機と言えるものである。この計画は日本では考えられない超長期と言えるもので、三〇年ものスパンで計画から実現までのプロセスとしている。このような長期計画は、アメリカでもセントルイスのウォーターフロント再開発と比肩できる計画である。また、ボルチモア・インナーハーバー再開発の規模は三〇〇エーカーと、当初計画の約一〇倍にも広がり、トロントのハーバーフロント、サンディエゴのエンバーカディオとともに大規模な計画として知られている。チャールズセンター再開発計画は一九五八年〜八六年までに一応の完成を見て、総開発経費二億ドルでその大部分は民間投資が占めている。種金と言われる公的資金は三五〇〇万ドルであり、いわゆるインフラ整備（景観整備、プラザ、歩道、連邦ビル）に向けられた。これらの投資の目的は都市のダークゾーンを日の当たる場所にしつつ、エンターテインメントによる経済活性化を行うことである。

一般的にアメリカの商業施設と言えば大型ショッピングセンターをイメージするが、ボルチモアの商業施設計画は小さな小売店をたくさんつくり（図4）、多数の雇用機会を創出するように心がけている。すなわち、大型ショッピングセンターは、売り場面積は広大であるが、単位面積当たりの雇用人数が極めて少ないことが問題となっている。小売店の集合というこの考え方は、インナーハーバー計画の基本的コンセプトとして全米のモデルとして適用されている。それらの遺伝子がアウトレットモール、フェスティバルマーケット・プレイスなどにも引き継がれている。一九六三年、マッケルディィン市長がチャールズセンター再開発成功の声明を行っており、翌年の六四年に三〇年に及ぶ広域の再開発計画であるインナーハーバー計画を提案した。提案内容を整理して以下に示す。

人を引き付けるアトラクションを備え、中でも国立水族館、パワープラントは世界で初めての3D映画館を備えた体験型博物館、フリゲート艦などが魅力的であったこと。この考え方をこのプロジェクトに関わったJ・ラウスがエンターテインメント・センター・コンセプトと称し、後のフェスティバル・マーケットのプロトタイプとなっている。施設デザインはアメニティを重視し、斬新で洗練されたものであった。また、時代に即して建替えを考慮した映画のセットのような仕組みを取り入れた。これは全面的な都市再開発計画

図4 プラット・ストリート・パビリオンは小売店の集合施設

であり、単に遊戯施設、アミューズメントだけではなく、質の高いオフィスビル、生活環境を供給したこと。そのために、街の安全性に考慮して警官の配置、子供たちに働く喜びを与える社会システムの導入などの社会的バックアップも含まれていた。

交通計画では、高速道路は騒音と粉塵等の環境面を考慮して地下埋設化を試み人と車の分離を図っている。また、ビジネスエリアとウォーターフロントをネットワーク化するために、空中回廊と言われるペディストリアン・デッキによりビルとビルとを連結している。また、LRTの導入も積極的に取り入れている。同時に、チャールズセンターおよびインナーハーバーの周辺に大規模な駐車場を設置したことも成功の要因となっている。また、エンターテインメント・センターというコンセプトは、従来のイースターとクリスマスに売上げが集中するので、それを毎日がイースターとクリスマスという考え方で平準化する考え方を導入している。そのために、エンターテイナーとして全米から大道芸人を集め、一人の大道芸人に一か月を限度とする任用期間を設定している。また、地域コミュニティを重視し、地元のチアリーダー、コーラスグループ、音楽家、声楽家、アーティストの発表の場として提供している。アメリカは人種の坩堝というよりもサラダボールであるという考えがあり、ヨーロッパ各国から来た移民もまた固有の生活様式や文化を大切にしている。それゆえ、小売店の商品展開や施設デザインは民族性が表に出るように誘導し、民族の多様性もエンターテインメントとなっている。また、施設の掃除（ジェニター）やレストランのウエイター、ウエイトレスの雇用は、地域の青少年、特に軽犯罪を犯して更生の努力をしている青少年を重点的に雇用し、働く喜び、働いて得るお金の重要性を教育する場所ともなっている。ボルチモアの再開発が成功と言われる背景には、民間主導で計画が進められ、投資家はその最大の参加利益を追求すべく様々なチャンスを生かしたことである。それが結果的に地方行政の税収を増加させ、人口増加の契機となっている。その顕著な例が不動産投資である。都市のダークゾーンの安全性が担保され、楽しい街が出現すれば、必然的に人々の中心市街地への回帰と新規移住が誘発され、不動産価格が上昇すると、必然的に不動産への投資が喚起され、結果的に市の税収がアップする。市の税収がアップすると、それを市の環境整備や警察官や消防士の雇用が増加し、より快適で安全な街を形成することができる。

ボルチモア・インナーハーバー再開発計画の完成を見て、荒廃した港湾地区のウォーターフロントのマスタープランが一九六五年に提案されて以来、二〇〇〇年初頭には、ハーバープレイスとよばれるレストラン、ショッピング、イベントコーナーなどの複合施設、水族館、美術館などの文化施設、各種観光施設、ホテル、コンベンション・センター、オフィスビル、高層住宅、海浜公園、科学博物館などが四〇年の歳月をかけて整備された。その結果、年間二〇〇〇万人のツーリストを集める「ボルチモアの奇跡」と称される、アメリカで最も成功した港湾都市再開発事例と言われている。ボルチモアの成功事例が契機となって、全米各地の港湾都市や世界の水辺でウォーターフロント再開発ブームが出現した。しかし、これらがすべて成功したわけではない。ウォーターフロントであればどこでも成功するというものではなく、その都市が有する歴史的、文化的、社会的背景を十分理解したものか、あるいは背後人口や交通アクセスという条件もマスタープランを作成するうえで欠かせない条項である。

一―三　ＥＵの創設とＥＵによる港湾都市再開発

第二次大戦による国土の荒廃と、米ソ二超大国による世界の分断が進む中、ヨーロッパが一致団結することで再興を図ろうとの動きが活発化した。一九五〇年、フランス政府はジャン・モネの起草による「シューマン・プラン」を発表、独仏間の対立に終止符を打つために両国の石炭・鉄鋼産業を超国家機関の管理のもとに置き、これに他のヨーロッパ諸国も参加するというＥＣＳＣ（欧州石炭鉄鋼共同体）の設立を提案した。このＥＣＳＣは一九五二年に設立され、一九五八年にはさらに領域を拡げて、ＥＥＣ（欧州経済共同体）、ＥＵＲＡＴＯＭ（欧州原子力共同体）が創設された。その後一九六七年にこの三共同体の主要機関が統一され、欧州共同体（ＥＣ）が誕生した。当初の加盟国はベルギー、ドイツ、フランス、イタリア、ルクセンブルグ、オランダの六か国だったが、その後新たに、デンマーク、アイルランド、イギリス、ギリシア、スペイン、ポルトガルが加盟し、一九八六年までに一二か国に拡大した。一九七〇年代の経済危機による「ＥＣの停滞の時代」を経て、統合の遅れに対する危機感から、一九八五年ドロール委員長のイニシアティブにより一九九二年までに域内市場統合の完成を目指す「域内統合市場白書」が採択された。その間、一九九〇年にミッテラン仏大統領とコール独首相が、ＥＭＵ（経済通貨統合）を形成して一気に政治統合まで実現するとの共同提案を行い、一九九一年一二月のＥＵ創設のための「マーストリヒト合意」につながっていった。

マーストリヒト条約はＢ条でＥＵの目的について次のように規定している。

①域内国境のない地域の創設、および経済通貨統合の設立を通じて経済的・社会的発展

を促進すること。
②共通外交・安全保障政策の実施を通じて国際舞台での主体性を確保すること。
③欧州市民権の導入を通じ、加盟国国民の権利・利益を守ること。
④司法・内務協力を発展させること。
⑤共同体の蓄積された成果の維持と、これに基づく政策や協力形態を見直すこと。

つまり、ＥＵは経済統合に加え、政治統合の推進を目指すものであり、ＥＣを基礎とするが、これを包摂するより大きな機構であると言える。ＥＵは、加盟国の国家主権の一部を超国家機構に委譲し、加盟国の政治的・経済的統合を進めていくことを目標としていることから、機構の権限も従来の国際機関とは比較にならないほど強化されている。特に経済分野では、ＥＵが排他的権限をもって、あたかも国家であるがごとく、第三国と交渉を行ったり、協定を締結したりしている。本稿ではＥＵの政治的機構については省略する。

次にＥＵの予算について時代的変遷を以下に示す。

・一九八八〜九二年：総予算六四〇億ユーロ
・一九九三年：マーストリヒト条約発効
・一九九四〜九九年：総予算一六八〇億ユーロ
・二〇〇〇〜〇六年：総予算二三五〇億ユーロ、内訳は従来からの参加一五か国負担で二一三〇億ユーロ＋新規参加国一〇か国負担で二二〇億ユーロ
・二〇〇七〜一三年：三四七〇億ユーロ

予算執行の内訳として、調査研究と新規技術革新のための予算に二五％を計上、次いで気候変動対策関連整備費用として全予算の三〇％を計上。

・二〇一四～二〇年：総予算六三七〇億ユーロ

この間で五三一プログラムを運営する予定で、ＥＵ連結基金から四五四〇億ユーロを確保し、残りの一八三〇億ユーロは各国が個別に準備することに決定。ＥＵ参加国および都市政策は基本的にＥＵ全体の社会の向上と健全な発展を目的とする投資政策となっている。そのために、新規就業および雇用の場の創出が第一にあり、次いでビジネスの自由競争の保証、第三に相互の経済発展に寄与するものでなくてはならないし、あわせて第四に自然環境の持続的発展、第五にＥＵ市民の全体の生活の質の向上に資するものでなくてはならないとしている。この目標を達成するためには、当初予算では不足することが明らかになると、二〇一四～二〇年の計画予算は一兆〇八二〇億ユーロ（日本円換算で約一四〇兆円）に変更されることになった。この予算の基金のうち約五〇％は三つの機関である欧州地域開発基金と欧州社会基金、そしてＥＵ連結基金によって賄う予定であり、残りの予算は各国の負担と民間企業の寄付によって賄う計画である。二〇二〇年までの戦略目標は以下に示す五つを設定した。

①全ＥＵの二〇～六四歳の七五％を就業させる
②Ｒ＆Ｄ投資でＥＵのＧＤＰの三％上昇させる
③気候変動と持続的エネルギー開発
・地球温暖化ガス二〇～三〇％減少
・二〇％を再生可能エネルギーで
・エネルギー効率を二〇％向上させる
④教育

・初等教育放棄児童を一〇％以下に
・二〇〇〇万人以上の貧困者・社会的疎外者のリスク軽減
⑤前記の目標に加えて自国の目標を追加

ＥＵの港湾都市の再開発という意味はアメリカの再開発と少々異なり、その呼称も異なる。アメリカの再開発はRedevelopmentであるのに対し、ＥＵの呼称はRegenerationと言う。リジェネレーションとは、次世代のための再開発という意味合いで理解するとわかりやすい。あるいは新世代への転換という意味も含まれるのであろう。ＥＵ各国の港湾都市再開発の共通コンセプトは、経済の持続的発展と都市再生の要は、ＰＰＰによる歴史的遺産を活用する都市港湾整備と位置付け、都市の歴史的遺産を顕彰しつつクルーズ港湾の整備やマリーナ整備、あるいは住民の都市回帰に対応した新規居住空間の整備、新規雇用の場の創出と時代に即応した新技術を用いた産業の創出がある。ＥＵにおいても、多くの港湾都市は近代的物流システム競争に負けて港湾都市の整備が注目されている。アメリカの港湾都市はエンターテインメント型ウォーターフロント都市再開発であるのに対し、ＥＵの再開発はクルーズシップの寄港が主要なテーマとなっている。すなわち港湾都市の生き残りをかけたインバウンド政策がキーワードとなっている。

①価格競争（参加者に対するクルーズ費用）
②新しい港湾ネットワーク（魅力ある就航計画と寄港地の設定と就航季節）
③個性と魅力ある寄港地でのエクスカーション
④停泊が容易な港湾計画と気の利いた（おもてなし）サービスの提供
⑤クルーズシップの停泊コスト（船主や運航マネジメント、物資のサプライ）

ＥＵ予算による二〇〇四～一〇年までの間で、クルーズシップ寄港型港湾都市整備の他に様々な港湾整備関連のプロジェクトがあげられている。プロジェクトはＥＵ各国に関わっており、一〇プロジェクトに承認された国はエストニア一件、リトアニア三件（うち一件はスウェーデンと共同）、ドイツ二件、ブルガリア一件、フランス二件、ポーランド一件（スウェーデンと共同）であり、予算の総枠は一億七四三五万ユーロとなっている。ＥＵからの補助率は約五〇％である。

この中でも代表的なプロジェクトはドイツのハンブルグ港湾都市ハーフェン地区再開発である。ハンブルグ港湾都市の再開発（図５）により人口六〇〇〇人の定住を促進し、新たに四万五〇〇〇人の雇用を創出する計画である。このプロジェクトの推進はＰＰＰで行われ、二三年間で公共投資二四億ユーロ、民間投資八四億ユーロの総予算一〇八億ユーロで行われる予定である。このうち、ＥＵとして港湾と都市部を一体的に結ぶ軌道整備に二九〇万ユーロ（全予算の五〇％）を補助する計画である。ＥＵにおける港湾都市の再生のプロトタイプ・モデルはドイツのハンブルグ港湾都市ハーフェン地区再開発であり、空洞化した人口を港湾のバルクカーゴーの集積場である倉庫群（図６）を住宅に改造、あわせて新しい産業を生み出す起爆剤と位置付けている。そのために、ハンブルグの都市中心部と港湾再開発区画を緊密に結ぶ新しい交通網の整備が第二段目の開発計画である。それゆえ、ＥＵの構成各国はドイツのハンブルグをモデルとしてその成功の可否に注目している。

図5 バルク倉庫と再開発で転換された住宅や商業施設

図6 開発が待たれるバルクカーゴーの倉庫群

一-四　おわりに

　これまで、欧米の成功した港湾都市再開発の事例について紹介してきたが、それらに共通するものは、時代の変化に即応できる組織体制を有しているかである。それは換言するならば、意思決定できる政治能力（リーダーシップ）とそれを実現するための行政能力（ガバナビリティ）を有しているかであると思われる。それに加えるに、プロジェクトを遂行しようとする行政の強靭な持続能力（ねばり強さ）がある。さらに、プロジェクトを実現するための法制度の整備とそれに基づく財源の確保である。イギリスのロンドン・ドックランド再開発、アメリカのボルチモア・ウォーターフロント都市再開発、そしてEUの各国港湾都市のリジェネレーション・プロジェクトに共通する要素を明らかにすることができた。まずは、政治と行政が一体となって、必要な法制度を整備し、プロジェクトを遂行するための財源を確保するために新たな仕組みを創造するなど、ありとあらゆる手を使ってねばり強い計画を実行していることである。また、これら港湾都市再開発に共通する目的は、新しい雇用の創出を一番に掲げている。次いで、雇用を創出するための仕組みとして、都市が置かれている地理学的あるいは地政学的条件を考慮したうえで、都市の歴史や文化、伝統、自然などの地域資源を生かした経済基盤の創出をあげている。特に注目されているのはインバウンドの観光客増加を目的とするクルーズ港湾都市の整備があり、北欧ではバルチック海航路、北米では氷河クルーズ、中米ではカリブ海クルーズなどがある。すなわち、港湾都市が置かれた条件により新たなインセンティブを設定することが重要なテーマとなっている。そして、第三番目として住民の定住を図るための集合住宅および業務地区のアロケーション計画をあげている。また、時代の要請としてのＩＴやＩｏＴ技術などのスキルの習得とあわせてそれらの教育施設やトレーニング施設の整備をあげている。

欧米の港湾都市再開発などの先進事例に刺激を受けて、一九八〇年代頃より日本においてもこれまでの工業港湾整備型の港湾計画とは異なる計画が出現してきた。それまでの港湾計画は全国総合開発計画に代表されるように、日本の経済成長を支えるための物流および産業機能の量的拡充を図ることを港湾政策の目的として港湾整備が推進されてきた。しかし、一九八五年に「二一世紀の港湾」という長期計画が国土交通省港湾局により策定され、物流、産業、生活に関わる機能がバランスよく導入された総合的な港湾空間の形成が推進されるようになった。一般的には、これを日本型ウォーターフロント開発の嚆矢と言われているが、欧米のそれとは異なっている。欧米の港湾都市開発（再開発も含む）ウォーターフロントとは水辺に面した土地の不動産価値を高める要素として位置付けられている。そのよい事例がＵＡＥドバイの海上都市計画におけるパームツリー（椰子）状の水際線をできるだけ長く確保しようとする埋立て計画である。あるいはフランスのポー・グリモーも水際線延長距離を長くするための都市形成モデルである。残念ながら、日本の港湾都市の再開発事例には水際線延長距離をできるだけ長くする計画はまれである。

二一世紀の港湾の政策実現のため、「港湾整備緊急措置法」に基づく第七次港湾整備五箇年計画（計画期間一九八六～九〇年度）を政策実現の第一段階として位置付け、強力に推進していた。国土交通省港湾局によると、総合的な港湾空間の整備を進めるにあたっては、マリーナ、旅客船ターミナル、商業・業務施設、研究開発施設、外内貿コンテナターミナルおよび幹線臨港道路等の施設の整備を重点的に推進することが必要であるとし、特に総合的な港湾空間の拠点となる各種の地区の整備を推進するため、これらの諸施設を公共事業や多種多様な民活事業を組み合わせて整備することを目的として、計画の作成から事業の実施までを一貫して行う総合的な事業（ポートルネッサンス21、マリン・タウン・プロジェクト、コースタル・リゾート・プロジェクト、臨海部活性化事業）を創設しその実施を推進している。その際、機能の低下した地区の再整備の要請に応え既存利用との整合性を確保するため、従来の開発方式に加えてインナーハーバーや臨海工業地帯の遊休地等における再開発や沖合人工島方式の開発といった開発方式を積極的に活用していくこととしていた。そのために、制度の充実を図るべく従来からの港湾整備事業および港湾関係起債事業とともに、民間活力を活用して港湾の整備の促進を図るため、以下の制度の整備がなされた。

①「民間事業者の能力の活用による特定施設の整備の促進に関する臨時措置法」の制定
②「民間都市開発の推進に関する特別措置法」の制定
③「総合保養地域整備法」（リゾート法）の制定
④「日本電信電話株式会社の株式の売払収入の活用による社会資本の整備の促進に関する特別措置法」の制定
⑤臨港地区規制の見直し（構造物規制の緩和）

しかし、これらの制度の見直しや新しい制度を導入しても全国の港湾都市のすべてが「二一世紀の港湾」に相応しい再開発ができたわけではない。港湾都市再開発の担い手として、リーダーシップを発揮する政治家、そして実務能力を発揮してプロジェクトを成功裏に導く優れた官僚機構、さらに投資意欲のある民間の事業者が三位一体となって、港湾都市再開発の戦略的事業スキームを構築することができたか否かにかかっていると思われる。

世界各国における比較的リーディング・プロジェクトとなった港湾都市の再開発事例について分析してきたが、技術開発もかなり重要な要素であるが、それ以上に重要な要素はリーダーである。特にイギリスにサッチャー首相、アメリカにおいては不動産コンサルタンツのJ・ラウス、EUの欧州委員会などに見られるように中核となるリーダーが基本的な目標と目的を明らかにし、それに付加する形で各港湾都市の再生あるいは活性化に向けてのプロジェクトスキームが創出される。その意味では自治体の首長や議会は極めて重要な意思決定機関であり、港湾都市再開発プロジェクトの実現に向けては市民あるいは民間企業にどれだけ多くの夢と希望を与えることができるのかが重要な課題でもある。また、それらを支える優秀な行政マンがいるかということである。その意味で、日本の港湾都市の再開発事例を見ると、東京都（東京港）、横浜市（横浜港）、神戸市（神戸港）は世界的に見て成功した事例と言えよう。特に横浜市が行った〈MM21〉計画は、従来の港湾制度と新しい制度をフルに活用しつつ公民協同で成功に導いた日本を代表するプロジェクトと言えよう。

二　環境技術と都市

〈みなとみらい21〉地区は「みらい」に向けた「創造実験都市」を合言葉に、様々な知恵を結集して高度な機能集積を実現しながら、世界に誇る横浜の新しい都心機能を創出する事業である。

そのため、環境技術の面からも高いレベルが求められ、計画および基盤整備時に当時の最新の取組みがなされてきた。

その後、一九九〇年以降の地球環境問題の深刻化と温室効果ガス削減に向けた国際的な枠組みの進展、東日本大震災に伴う防災面の課題の顕在化やエネルギー問題への関心の高まり、電力をはじめとしたエネルギー市場の自由化の動向など、環境、防災、エネルギー面で社会情勢が大きく変化している。

ここでは、〈みなとみらい21〉地区が、当初の基盤整備をしっかりと行ってきたこと、そのことがこうした時代の大きな変化に対応する柔軟性をもたらし、今後の様々な発展の可能性につながっていくことをまとめる。

二-一　都市インフラストラクチャー整備の経緯

一般に都市域の建物は電気、ガス、上水の供給、下水処理などを行う土木構造物のインフラストラクチャーのサービスを受けているが、〈みなとみらい21〉地区では空間が高度利用され、省エネルギーや省資源、長期的な維持管理への配慮など、極めて質の高い性能が求められたことから、土木構造物のインフラストラクチャーと建築物の間に構築される都市インフラストラクチャーとも言うべき施設が整備されている。エネルギーに関しては地域冷暖房が、ゴミに関しては管路による収集システムが整備され、さらに電気、ガス、上下水道、電話のケーブルや管路、地域冷暖房とゴミ収集の管路を収容する共同溝等が整備されている。

共同溝

共同溝は「2以上の公益物件を収容するために道路管理者が道路の地下に設ける施設」(共同溝法第2条第5項)である。我が国の共同溝は帝都復興事業の一環として、一九二六年に九段坂、浜町公園付近、八重洲通りの三か所に建設されたのが最初である。その後、建設は進まなかったが、昭和三〇年(一九五五)代に入って、都市部の交通渋滞緩和のために道路の掘り返し防止に有効な共同溝の重要性が認識され、一九六三年、「共同溝の整備等に関する特別措置法」(共同溝法)が公布され、二〇〇〇年度末までに日本全国で約四五〇kmの共同溝が整備された。[1)]

一九八一年に発表された横浜市の都心臨海部総合整備基本計画の供給処理施設計画において共同溝の整備が盛り込まれ、建物の建設に先行して道路整備とともに共同溝の整備が進められることになった。文献[2)]によると「共同溝は、地下空間の有効利用、都市災害の防止、都市景観の向上などの目的から導入された。横浜市は事業主体として収容施設の各事業主体との調整を行い、実際の施工は区画整理事業を施行する公団に委託した。事業は八三年から街区開発に先行しつつ進められて、一部は横浜博覧会に合わせて八九年に供用開始され、二〇〇〇年度末で五・五kmの整備が完了した」とのことである。

共同溝の収容物件は相当の公共性を有するものでなければならず、同法で収容を認められている物件（法上物件と言う）は電気、ガス、上下水道、電話などであり、地域冷暖房の地域導管等は共同溝法上の収容物件となっていない（非法上物件と言う）。しかし図1に示すように、〈みなとみらい21〉地区では、法上の収容物件が収容される共同溝と非法上物件を収容する空間とが一体的に整備されている（図2）。これらは一見、一つの共同溝のようであるが、よく見ると両者の収容空間が左右に分かれていることがわかる。法上物件を収容する部分は共同溝で道路法上の道路の付属物であり、非法上物件を収容する部分は道路法上の占用物件で占用料を支払うなど、道路法をはじめ法的な扱いが異なっている。[1]非法上物件を収容する部分は国庫補助を受けることができず、関係企業が費用負担をする必要があるが、〈みなとみらい21〉地区では、関係者間の調整や工夫など努力の結果、法的な共同溝と地域導管等を収容する共同溝（準用共同溝と言う）の一体的整備が実現した。

地域冷暖房

地域冷暖房は、「一定の地域内で冷房、暖房、給湯およびその他の熱需要を満たすため、1カ所または数カ所の熱供給設備（地域冷暖房プラント）で集中的に製造された冷水、温水、蒸気等の熱媒を地域導管を用いて複数の需要家建物へ供給するシステム[3]」であり、経済性から対象は高密度な地域に限定される。一九七〇年、大阪万国博覧会会場に地域冷房が導入されたのを契機に、日本では電気、ガスに次ぐ第三の公益事業として地域熱供給事業が開始された。現在、同事業は全国の約一四〇カ所で稼働中である。地点数の伸びと歴史的変遷を示したものが図3である。日本の地域熱供給（地域冷暖房）の大きな潮流については、

図1 〈みなとみらい21〉地区の一体型共同溝の断面例
（共同溝：3,700H×7,400W、2,000H×1,450W）

図2 〈みなとみらい21〉地区の共同溝内

㈳地域冷暖房協会（現在の（一社）都市環境エネルギー協会）が主催した第一回DHCシンポジウム（一九九四年一〇月二八日）での尾島俊雄早稲田大学教授（当時）の講演内容[4]に簡潔に語られているので、それを引用したい。

第一の波は開始間もなくの時期で、一九七二年に熱供給事業法が制定され、電気、ガスに続く、第三のエネルギー公益事業として位置付けられた。「順調に成長していくかに思えた時に、第一次オイルショックが到来し、…急速な下降状態となった。この状況に唯一歯止めの役割を果たしたのは東京都である」[4]。東京都は大気汚染防止対策として地域冷暖房を推進した。地域冷暖房の推進地域を指定し、プラントの設置検討と加入協力義務を条例で規定し、これがその後の東京都の地域冷暖房の面的広がりの原動力となった。

第二の波は、一九八〇年代後半から一九九〇年代前半にかけての供給区域数が大きく伸びた時期を指す。この時期は、都市再開発が盛んに行われ、地域冷暖房が都市開発における高度な基盤施設として位置付けられるとともに、コジェネレーションや高効率ヒートポンプの導入、ゴミ、下水、河川水などの未利用エネルギー導入など、適材適所のエネルギー供給による省エネルギー性向上が図られた。

バブル経済崩壊後は、特に地球温暖化防止やヒートアイランド軽減など環境面からの社会的要請が強くなる中、供給地区数が増加、二〇〇五年頃にピークを迎え、現在、漸減の傾向にある。しかしながら、近年は低炭素

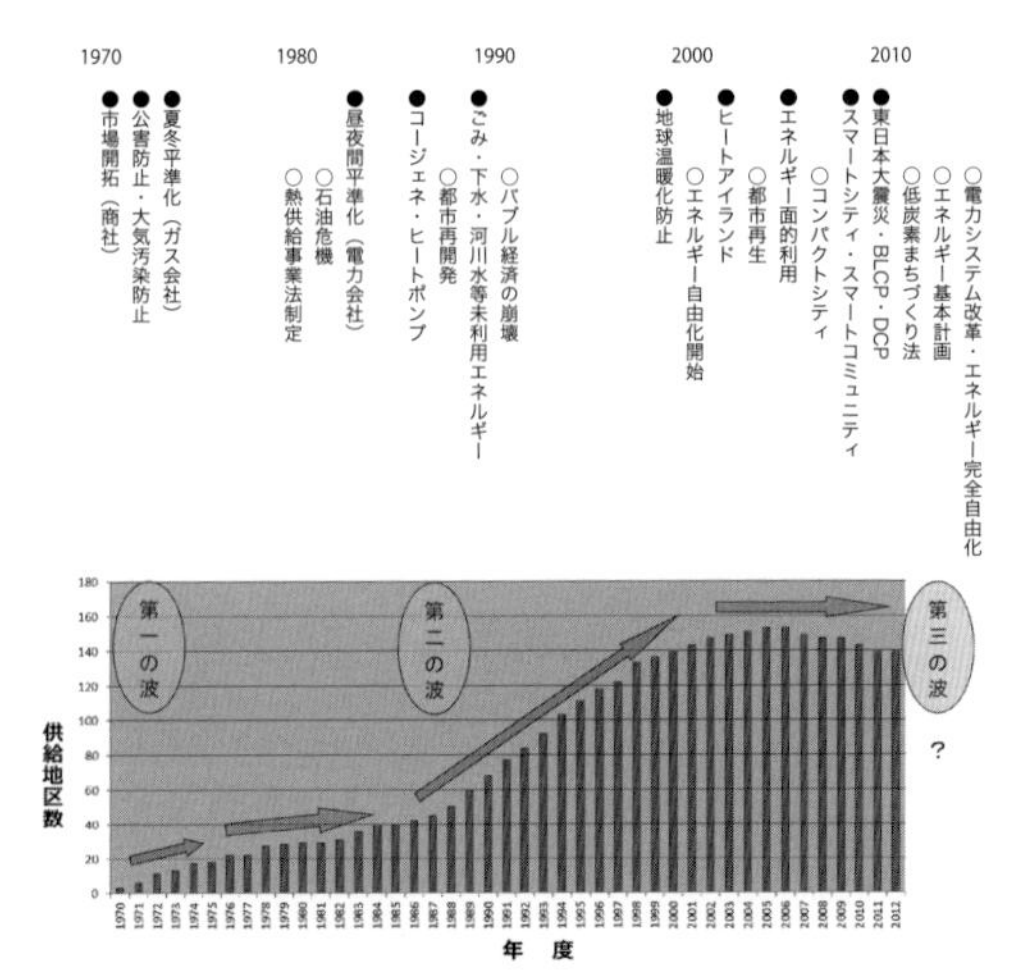

図3　日本の地域冷暖房の歴史的変遷と今後、文献6)を参考に作成

都市づくりの社会的要請など、地域熱供給を取り巻く状況は大きく変化しており、第三の波とも言える新たな展開の時期を迎えている。

前記の変遷の中で、〈みなとみらい21〉地区の地域熱供給事業は、第二の波が始まる時期に開始された。文献[2)]によると、「エネルギーの効率的使用、公害や都市災害の防止などの目的から、経験の豊富な三菱地所に東京電力と東京ガスが初めて協力するかたちでみなとみらい21熱供給㈱が八六年に設立され、横浜博覧会に合わせて八九年に供用開始した。特色はプラントごとに最新・最適なシステムを採用していることで、センタープラントでは低廉な深夜電力を使用する世界最大規模のSTL潜熱蓄熱方式（氷蓄熱方式の一種［著者による］）が、第2プラントでは、業務用としてはわが国最大のコジェネレーション方式がそれぞれ採用されている」とある。その後、稼働していた三台のコジェネレーションは、ガス料金、保守費用の上昇で、平成九年の運転開始から一二年を経た平成二一年に停止が決定され、一台は撤去、二台は非常用自家発電機として使われている。

真空集塵システム

廃棄物の処理過程は、収集・運搬に伴う悪臭の発生、交通公害、労務災害、人件費など多くの課題を含んでいる。都市廃棄物処理管路はそれらの課題解決のために空気搬送技術をゴミ収集に応用したもので、スウェーデンにおいて開発された。我が国にも昭和四〇年（一九六五）代初めに技術導入され、一九七三年（昭和四八）に東京都内のホテルに導入されたのが始まりであるが、地域的に導入されたのは一九七七年（昭和五二）に大阪市の森ノ宮市街地第二住宅が初めてである。その後、芦屋浜シーサイドタウン、南港ポートタウン、筑波研究学園都市中心市街地、多摩ニュータウンセンター地区などに導入された。[5)]〈みなとみらい21〉地区では共同溝の設計に合わせて八四年度に事業化され、九一年度から都市廃棄物処理システムの一つとして稼働したが（二〇〇二年までの輸送管施設距離は六・七㎞である）、現在、二〇一七年度末までに廃止することが決定している。背景には九三年から地区内で出る廃棄物の減量化と資源化を図るため、地区内の全事業者がリサイクル推進協議会を設立して古紙・びん・缶類を回収していること、また二〇〇〇年には各種リサイクル法が施行され、循環型社会への転換が図られている中で、本システムはリサイクルに向けた分別収集に対応できないこと、分別の徹底により資源化が図られ、収集量が大幅に減少していることに加え、すでに撤退している利用者がいることなどから廃止の決定となった。なお、今後の管路の利用、収集搬出スペースの利用に関しては未定である。

二―二　地域冷暖房を基盤とした新たな社会ニーズへの対応

エネルギーシステムは都市機能を支える基盤である。低炭素化はもとより、今日、大きくは三つの視点から再構築を求められており、地域冷暖房を有する〈みなとみらい21〉地区は、その基盤を生かして新たな社会ニーズに対応することで、さらなる機能高度化の好機を迎えている。

低炭素都市づくりとエネルギー

地球温暖化の緩和策である持続可能な低炭素都市づくり、その前提となる省エネルギーに対する社会的な要請がますます大きくなっている。世界に誇る未来都市のショーケースとなるべき〈みなとみらい21〉地区では、これからもさらに集積していく中で、トータルのCO2排出量の増加は許されず、逆に率先して低炭素化のモデルとなるシステムの導入が求められている。そのような中で、地域冷暖房の基盤があることで、発電に伴い発生する熱を有効利用するシステムの導入が容易であり、また熱供給プラントにゴミ焼却場などの都市内の未利用エネルギーや再生可能エネルギーを導入することで、一挙に省エネルギー、省CO2化を図ることが可能である。

都市の機能継続とエネルギー

二〇一一年三月に東日本大震災が発生し、エネルギー供給のあり方が大きく見直された。東京電力管内で震災直後の三月一四日から二八日まで計画停電が実施され、さらに同年夏季には七月一日から九月九日まで東京電力管内、東北電力管内において、契約電力五〇〇KW以上の大口需要家を対象に前年の同期間における使用最大電力から一五%削減を義務付ける電力使用制限が実施された。こうしたことから、災害時に停止しない、また、たとえ被災しても早期に復旧するエネルギー供給、特に電力供給の重要性が強く認識された。

東京の六本木ヒルズでは、一〇〇%の電源を自前で確保できる常用自家発電コジェネレーションを持っており、東日本大震災でも電力供給が途絶えることがなく、またその心配もなかった。そして震災後の電力が逼迫している状況下に節電に努め、自家発電の約一割にあたる四〇〇〇~六〇〇〇KWの電力を東京電力に提供していたとのことである。今回の震災が起こる前は、六本木ヒルズのようなエネルギーシステムの必要性は認識されておらず、事業性も厳しいと言われていたが、震災後、一変した。

高密度な都市域では、災害時に高層ビル内に人がとどまることができないと、地上に人があふれて身動きが取れなくなる。さらに、通勤通学者、たまたま訪れていた場所で被災する人々が帰宅困難者となり、帰宅困難者の一時滞在スペースの確保と機能維持が必要であることも大きな教訓であった。高層ビルの機能維持のためのエネルギーの確保、および帰宅困難者対策も含めたBCP（事業継続計画）、DCP（地域継続計画）の観点からのエネルギー確保が必要である。

こうした状況に対応するエネルギーシステムを構築するためには、自立分散型電源となるコジェネレーションを導入し、平常時のシステムが災害時にもそのまま移行する常用非常用兼用とし、大地震時にも供給が停止しないとされる中圧ガス管に接続するシステムが考えられる。六本木ヒルズでは中圧ガスの供給に加え、燃料も備蓄するなど、さらに入念な備えを行っていた。今後、〈みなとみらい21〉地区においても、このようなニーズがますます高まると考えられる。

政府も二〇一二年七月に都市再生特別措置法の改正を行い、都市再生緊急整備地域において、官民が連携した「安全確保計画」の策定が法的に位置付けられ[6]、エネルギーの自立化・多重化に資する電気と熱の供給網により、災害時の業務継続に必要なエネルギーの安定供給が確保されるBCD（業務継続地区）の構築を支援する事業が設けられている[7]。また、都市再生特別措置法等の一部を改正する法律案が、二〇一六年二月五日に閣議決定され、大規模災害に対応する環境整備として、災害時にエリア内のビルにエネルギーを継続して供給するためのビル所有者とエネルギー供給施設（発電機、ボイラー、電力線、熱導管等から構成）の所有者による協定制度が創設された。[8]

経済性を高めるための柔軟性

日本では、エネルギー市場の自由化が進んでいるが、自由化されることで電気の購入先を選べるとともに、電気を売ることも可能になる。またエネルギーの価格変動は大きくなることが予想されるが、その変動をうまく活用して経済性を高めることも可能となる。ヨーロッパでは都市暖房とも言える規模で地域熱供給網が整備されている都市が多いが、一九九〇年頃から電力の自由化に向けた動きが始まり、今日、地域熱供給と電力市場の自由化とが一体となってメリットを創出している。その様子を理解いただくために、二〇一三年一一月、（一社）都市環境エネルギー協会が派遣したヨーロッパのスマートエネルギーネットワーク先進事例調査団の一員として、北欧の熱や電力の供給に関する最新の状況を視察する機会を得た。その報告書[9]の「はじめに」で私が書いた文章を引用する。

「強く印象に残った点は、欧州の地域暖房がエネルギー市場全体の自由化の動きにもなって、ダイナミックに変化しており、水平分離が進んでいることです。デンマーク・コペンハーゲンでは、熱の生産者、搬送者、配給者の3層構造が明確で、搬送者のところが公的基盤として位置づけられ運営されていることが重要なポイントと思われました。電力についてはノルウェーの呼びかけで始まり、北欧全体、その周辺にも拡大している自由市場の運営主体Nord Poolを訪問し、水平分離の中で経済性と安定供給両立のために高度に洗練された仕組みが機能している実態がよく理解できました。そして、コペンハーゲンのCHP（熱併給発電所）で見た巨大な蓄熱槽（図4）が、発電と一体となって経済性向上

図4 デンマーク国内第2位の規模の発電所アベデョア熱供給発電所（出典：CTR社）

に貢献する熱供給に不可欠な設備であることがよくわかりました」

Nord Poolでは電力料金が図5のように大きく変動しており、安い時期と高い時期では実に一四倍もの差が見られる。電力が高いウィークデーのピーク時間帯に熱併給発電所を稼働させ、余剰の熱は巨大な蓄熱槽に貯めておき、安くなる週末などに発電をせずにゆっくりと熱のみを供給するとのことであった。このように、電力と熱を合わせて経済性を高める運用がなされている。今後、日本でも第一段階は二〇一五年四月に広域的運営推進機関が設立され、第二段階が二〇一六年四月からの電気の小売業への参入の全面自由化、第三段階が二〇二〇年四月からの法的分離による送配電部門の中立性のいっそうの確保等と、段階を踏んで電力改革をはじめ、エネルギーシステム改革が進む。そうすれば、地域熱供給が導入されている地域では、電力価格に対応してエネルギー設備をより柔軟に運転できるので、経済的なメリットを生み出せる可能性が高まる。現在、構築が進んでいるスマートシティやスマートコミュニティは、エリア内での価値向上から、外の市場に参入する競争力を有するエリアにもなっていく。

二−三 〈みなとみらい21〉地区のエネルギーの今後の展開

ドイツにある世界最大級の再保険会社、ミュンヘン再保険グループが二〇〇三年三月に、世界五〇都市の自然災害危険度指数を公表したが、東京-横浜地域はその指数が七一〇と突出した高い値となっている。[10] 二番目のサンフランシスコべ

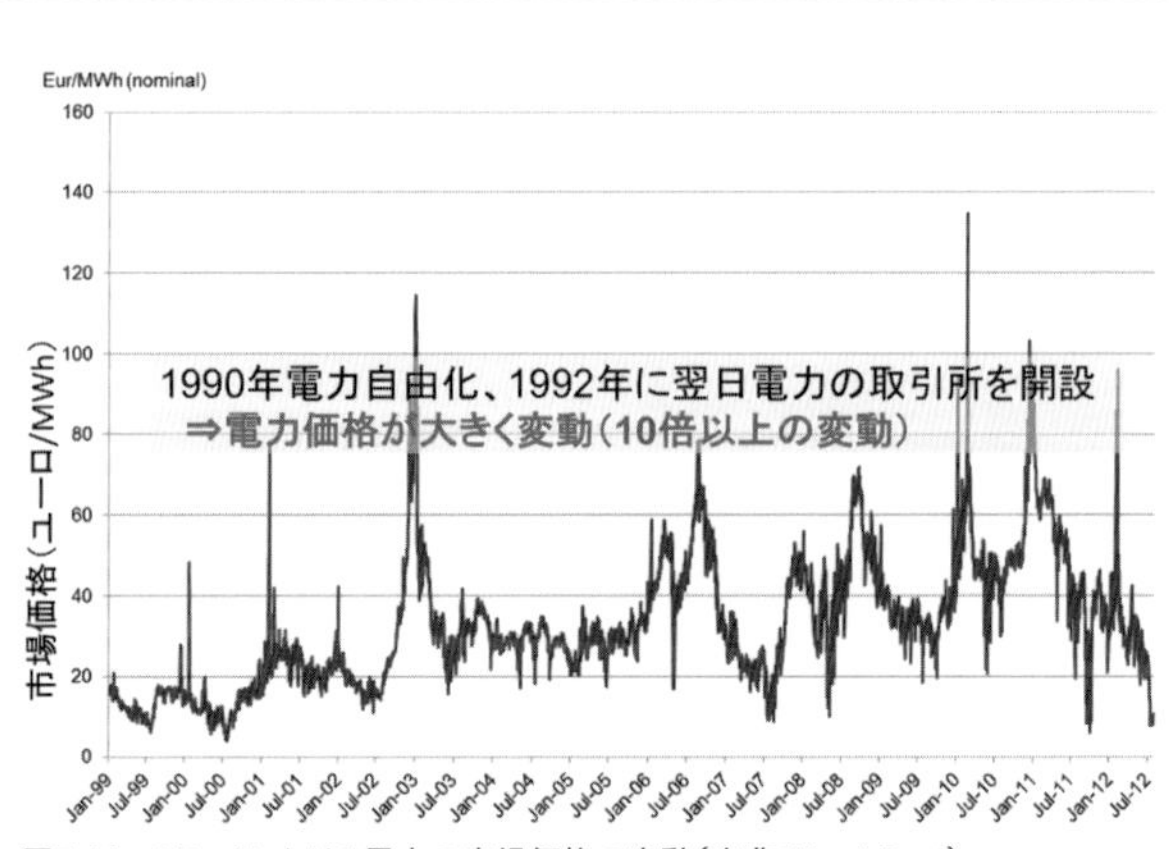

図5 Nord Poolにおける電力の市場価格の変動（出典：Nord Pool）

イエリアの一六七、三番目のロサンゼルスの一〇〇と比較すると、その値がいかに突出したものであるかが伺える。

こうした中で、グローバルに展開している企業を誘致して活力を創出する使命をもつ〈みなとみらい21〉地区が、災害時にも決して供給途絶を生じないエネルギーの基盤を持つことは必要不可欠である。そのためには、地震などの災害時にも供給を継続することになっている中圧ガス管からのガス供給を受けるコジェネレーションの自立分散電源を設置し、地震に対して強靭な共同溝を通して各建物にエネルギーを供給するシステムとする必要がある。〈みなとみらい21〉地区にはすでに共同溝、および地域冷暖房が整備されていることから、条件が整っている。非常時の電力供給源となるコジェネレーションを、平常時に冷暖房に活用することで省エネルギー、省CO2、経済性を高めることが可能である。

横浜市は二〇一〇年から五年間、経済産業省から「次世代エネルギー・社会システム実証地域」として選定を受けて、横浜スマートシティ・プロジェクト（以下、YSCP）に取り組んできて、BEMS（ビル・エネルギー・マネジメント・システム）、HEMS（ホーム・エネルギー・マネジメント・システム）を広域につなぎ、マネジメントするCEMS（コミュニティ・エネルギー・マネジメント・システム）の実証を行い、成果を挙げている。これらを今度は、〈みなとみらい21〉地区をフィールドとして実装する事業に取り組んでいる。この実装によって、需給が一体となった防災性、省エネルギー・省CO2性、経済性の価値を創出するエネルギーマネジメントが実現できる。

さらに横浜市は、二〇一三年度に「世界を魅了する最もスマートな環境未来都市」としていくことを目指し、〈みなとみらい21〉地区スマートなまちづくり審議会を立ち上げて答申をまとめ、四つの強化すべき分野を整理した。その一つがエネルギーである。二〇一四年度末までに〈みなとみらい２０５０〉アクションプランをまとめたが、そのエネルギーの項目には目指す姿として、「先進的な地域冷暖房施設等を活かして、災害への対応にも配慮した自立分散型エネルギーインフラにより更なる強靭化が図られている」[11]、「横浜スマートシティ・プロジェクト（ＹＳＣＰ）の成果を活かし、電力の他、熱の融通も含めた最適なエネルギーマネジメントが実現されている」と書かれている。

　こうした状況を踏まえた、〈みなとみらい21〉地区でのこれからのエネルギーシステムのイメージが図6である。電気供給網と熱供給網が整備され、そこに自立分散電源が設置されて、電気と熱の総合的なエネルギーマネジメントの単位となる。その中で分散型のプラント同士が相互に連携し、未利用エネルギーや再生可能エネルギー、蓄電、蓄熱などのエネルギーを貯蔵する機能も組み込まれる。地域熱供給が基盤となってこのようなシステムが構築されることで、より高度な機能を発揮する。具体的には次の通りである。

　地球環境問題の緩和策、省エネルギー・省CO_2の視点からは、発電排熱の受け皿となる熱供給網があるからこそコジェネレーションの導入が効率的となる。熱も含めた需要・供給のバランスの細かい制御ができ、より柔軟な運転が可能である。異なる特性を持つ需要家同士の連携で負荷の平準化が図られ、また低負荷時には効率が高いプラントから順次運転し、その能力を融通しあうことで高効率化を図ることができる。また、再生可能エネルギーの変動を空調システムやコジェネレーションの制御で吸収することができる。

　電気料金が高い時間帯にはコジェネレーションを積極的に運転して〈みなとみらい21〉地区の需要家に廉価に電気を提供する、あるいは必要に応じて、外部に電気を供給して利

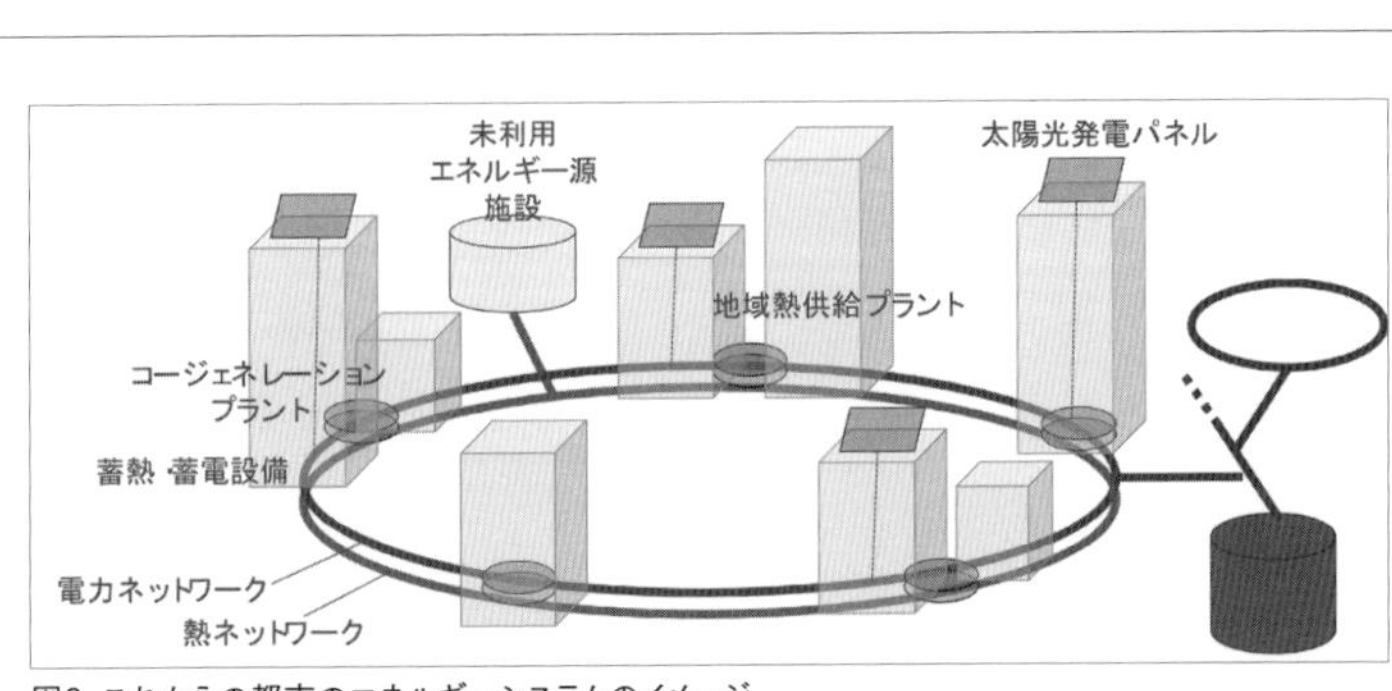

図6　これからの都市のエネルギーシステムのイメージ

益を上げることも可能である。さらに、熱製造に必要な電気の量を制御することも可能である。電気が高い時間帯にはなるべく電気を使わない熱製造を行う、あるいは電気が安い時間帯に電気を使った熱製造を積極的に行い、蓄熱槽に貯めておくことも容易である。このようにして電気料金の変動に対応する柔軟性を備えることで、〈みなとみらい21〉地区の需要家に利益をもたらすことも可能である。

災害時の供給信頼性確保の視点からは、コジェネレーションが地域の自立電源として貢献する。また、プラント間の相互バックアップや蓄熱・蓄電を組み込むため、冗長性が高く供給途絶が起こりにくい。企業や自治体でBCP（事業継続計画）、DCP（地域継続計画）が求められているので、こうした供給途絶が起こりにくいライフラインのニーズはさらに高まる。

最後に付け加えると、これまで述べてきたシステムは、設備更新も少しずつ行われ、常に最新の技術を採り入れることができる利点もある。水素をエネルギー媒体とする時代の到来は、まだはっきり見えてこないが、今後、水素の時代を迎えても〈みなとみらい21〉地区のシステムは、エネルギープラントで水素を受け入れて、そこで燃料電池などによるコジェネレーションを行って、熱と電気を供給する基盤として機能する。エネルギー源としてCO2フリーで製造された水素が導入されれば、一挙にゼロカーボンの地域の実現につながる。

このように、〈みなとみらい21〉地区のエネルギーシステムは、これまで築いてきた地域冷暖房、共同溝が基盤となって次の時代に向けた新しい展開が拡がっていくことになる。

三 〈みなとみらい21〉とエリアマネジメント

〈みなとみらい21〉は当初の街の開発の段階では、現在のようなエリアマネジメントの仕組みを有していたわけではない。しかし、都市づくりを実践してゆくうちに、〈MM21〉開発にもともとあった公民協働の考え方のもとに、地域に関わる地権者等の組織〈YMM〉によって、街の運営を発展的に進めてきた。このような〈みなとみらい21〉での街づくりの実態をあらためてエリアマネジメントとして理論的に整理・評価し、エリアマネジメントの今後のあり方について触れる。

三－一 はじめに──エリアマネジメントとは

今日、都市づくりの様々な局面で「地区を単位としたマネジメント」（エリアマネジメント）の必要性が認識され、実践されるようになっている。さらにエリアマネジメントの制度や仕組みのあり方が都市計画の世界で議論されるようになっている。それを簡潔に説明すれば次のようになる。

官（行政）による都市づくりの仕組みは、地区を超えた都市全体を対象とした規制などにより、平均的、画一的な都市づくりを進めるのには適している。しかし、これからの都市づくりは競争の時代の都市づくりとして、積極的に地域特性を重視し、地域価値を高める都市づくりが必要になっている。あるいは、逆に地域価値の低下を防ぎ、維持する都市づくりが必要になっている。そのため従来の平均的な、画一的な官（行政）による都市づくりの仕組みでは対応できない状況が生まれている。

これまで都市づくりには社会資本がまず必要と言われてきた。我が国で社会資本と言うと、道路、公園、上下水道、さらに空港、港湾などのハードなものを指すのが一般的であり、そのような社会資本整備が進められてきた。確かに成長都市の時代には市街地の拡大、経済の成長のために前記のような社会資本が重要であった。

しかし成熟都市の時代には、そのような社会資本に代わって、地域に関わる地権者、商業者、住民、開発事業者などがつくる社会的組織によって地域の価値を高め、維持する必要性が認識され具体化するようになっている。それらの社会的組織は、社会関係資本とも呼ばれ、地区の関係者がお互いに信頼関係を築いたうえで、都市づくりガイドライン、街づくり協定などの規範をつくって都市づくり活動を行っている。すなわち、以前の社会資本整備に加えて、社会関係資本構築をもプラスした都市づくりへと変化してきていると考える。

そのような社会関係資本によって形成された組織、エリアマネジメント組織が北は札幌市から南は福岡市まで、多くの大都市都心部でエリアマネジメント活動を進めるようになっている。また多くの地方都市の中心市街地でも、タウンマネジメント活動という呼び名を使っているが、大都市と同じような動機でエリアマネジメント活動を進めている。

三―二 大都市都心部におけるエリアマネジメント

大都市都心部におけるエリアマネジメントには大別して三つの類型がある。第一の類型は大規模計画開発地におけるエリアマネジメント活動であり、第二の類型は既成市街地の関係権利者が組織をつくって、順次開発を進めていっている地区でのエリアマネジメント活動であり、第三の類型は一定規模の再開発事業などが行われた地区で、周辺の既成市街地を含んで行われているエリアマネジメント活動である。

〈ＭＭ21〉地区のエリアマネジメントは第一の類型にあたる。第一類型にあたる他の組織としては大阪グランフロント地区などがある。さらに第二類型にあたる地区としては大手町・丸の内・有楽町地区や名古屋駅前地区がある。第三類型としては神田淡路町地区や東京竹芝地区などがある。

第一類型の地区におけるエリアマネジメント活動は、もともと市街地再開発事業組合、土地区画整理事業開発事業組合などの活動を進める組織があり、事業を進める中で権利者等が互いに絆をつくってきており、次に述べるエリアマネジメント活動を進めるにあたって必要な社会関係資本が形成されていると考える。

三―三「社会関係資本」と「ソフト・ロー」

エリアマネジメントには、その核心にエリアの単位で「人々の間の協調的な行動を促すこと」があるが、この「人々の間の協調的な行動を促すこと」に関わる知の領域として、近年注目されているのが、「ソーシャル・キャピタル」、すなわちすでに言及した「社会関係資本」の領域である。「社会関係資本」には「ソフト・ロー」、すなわち地域ルール、規範の領域が伴うと考えるので、以下ではエリアマネジメントとの関係から両者を説明したい。

「社会関係資本」――「信頼」と「互酬性」

「社会関係資本」、すなわち「ソーシャル・キャピタル」の領域では、「ネットワーク（絆）」「信頼」「互酬性の規範」が「人々の間の協調的な行動を促す」ことにつながるとされている。まず「社会関係資本」ではどのような質の「ネットワーク（絆）」を持つかによって、その内容あるいはそれが生み出す成果が大きく変わるとされている。また「社会関係資本」は、そもそもあるグループをつくりだすこと、すなわち、エリアマネジメントとの関係で言えば、地域に関わる地権者、商業者、住民、開発事業者などがつくる社会的組織から始まるという意味では「ネットワーク（絆）」が始まりとも言えるとされている。

また「社会関係資本」は多くの場合に利他的な行為を含むという意味では、経済学が設定する市場の外に位置付けられるものを含み、経済学でいう外部性を伴う行為であり、あとで述べる「互酬性の規範」を伴う行為である。そのため「ネットワーク」をどれだけエリアで強固にできるかが成否を握ることになる。

地域再生のための「地域づくり」において、地域の有志がまず活動を始める場合、それは往々にして外部性を生み出すことになり、もしその他の地域関係者が、有志の活動にただで便乗していればいいと考えると、その活動、エリアマネジメント活動は早晩活動の弱体化を招くことになる。

(a)「社会関係資本」と「信頼」

「信頼」についてのいくつかの考察があるが、その中で注目すべき内容は、理論社会学分野でのニクラス・ルーマンによる「信頼」概念を「人格的信頼」と「システム的信頼」に分化させて考えていることである。

様々な人格が関わる街づくりの面では、「人格的信頼」には限界があり、「システム的信頼」が重要な役割を担うことは明白である。さらに「人格的信頼」は人に対する信頼という意味では事実に近く、「システム的信頼」は抽象的なシステムに信頼を寄せるという意味であり、街づくりに関わる「地域ルール」などの実効性の面から見ると「システム的信頼」の重要性が認識できる。

(b)「社会関係資本」と「互酬性の規範」

一般に、土地、財産などの物的資本は物理的対象を、スキル、知識、経験などの人的資本は個人の特性をさすものだが、社会関係資本が指し示しているのは個人間のつながりであり、社会的ネットワークである。また、社会関係資本はそこから生じる互酬性と信頼である。

パットナムによれば、互酬性とは「あなたからの特定の見返りを期待せずに、これをしてあげる、きっと誰か他の人が私に何かしてくれると確信するから」ということである。また「信頼は社会生活の潤滑油となるものであり、人々の間で頻繁な相互作用が行われると、一般的互酬性の規範が形成される傾向がある」という。

「ソフト・ロー」の領域

エリアマネジメントを実践しようとする組織は、多くの場合、まず「ガイドライン」などと呼ばれる一種の「地域ルール」づくりを行う。「地域ルール」は地域の自律的秩序に基づくものであり、それが場合によっては法的ルールに昇華する場合もある。

そこでは重要なことは「地域ルール」などの自律的秩序を守ることによって短期的に不利益を被っても、長期的には利益を受けられるから従うという自律的秩序が守られるシナリオである。

「地域ルール」が地域ルールとして機能するには、単に関係者による信頼関係のみでは十分ではなく、協力者にインセンティブを与えること、逆に非協力者に罰、すなわち負のサンクションを与えることが、信頼関係を下支えすることになるとしている。それが「人格的信頼」には限界があり、「システム的信頼」が重要な役割を担うことにつながる。

インフォーマル・ルールである「人々が暗黙裡に従う集団ルール」がより実効性を持つためには、処分性を持ったフォーマル・ルールに展開してゆく必要があるということを説明していると考える。

三-四 〈MM21〉における社会関係資本と「ソフト・ロー」

〈MM21〉地区では一九八八年に第三セクター〈㈱横浜みなとみらい〉を組織化し、開発時点での、すなわち「つくる」段階での組織を土地区画整理事業組織の継承として生み出している。そのうえで「ソフト・ロー」として協定（〈みなとみらい21〉街づくり協定）を制定している。

この時期における〈MM21〉は街区開発の展開が見られ、施設誘致による機能集積を進めている時期で、誘導とコントロールという開発に伴う「ハード・ロー」により街づくりが行われていた。

しかし、やがて、街を「つくる」段階から、街を「育てる」段階に移行したこと、すなわち街の建設期から街の成熟期に移行を始めたため、あらたな組織である〈一般社団法人横浜みなとみらい21〉を二〇〇九年に立ち上げている。

一方、エリアマネジメント活動を進めるための「ソフト・ロー」づくりの検討を社団結成と同時に始め、二〇一二年に「〈みなとみらい〉エリアマネジメント憲章」を制定している。

その制定には関係者による地区全体の課題抽出や共通する地域価値の確認などを行い、原案をつくるとともに、地区住民や広く市民からの意見も募集して修正を施して制定した。

「〈みなとみらい21〉エリアマネジメント憲章」の構成は「基本理念」と「行動計画」からなっている。〈MM21〉地区においてエリアマネジメントを推進する上での基本的な考え方、およびエリアマネジメントの推進によって関係者が目指す地区の姿等をまとめた「基本理念」、展開すべき取組みをまとめた「行動計画」で構成されている。「基本理念」は、エリアマネジメントを継続的に推進する上でのよりどころとなる、長期的な目標として位置付けられている。また、「行動計画」については、当地区を取り巻く環境の変化等を踏まえつつ必要に応じて見直しを行うとしている。

基本理念は次の三つの理念を掲げて、それぞれの取組み主体がこれらの三つの基本理念を踏まえて取組みを行うとしている。

①多様な活動が共存し豊かな都市文化を醸成する。

②安全で上質な心地よい都市環境を形成する。

③〈みなとみらい21〉のブランドを育成・確立・発信する。

また、その基本理念を踏まえて、街の将来イメージを次のように描き出して活動を進めている。

①時代を牽引する「先進性」「創造性」にあふれる街

②世界に目を向け、世界に発信する「国際性」を持つ街

③多様な活動が展開され感動と楽しさを感じる街

④ホスピタリティにあふれ心地よさを感じる街

⑤誰もが愛着を持ち、コミュニティ意識が形成される街

⑥端正で美しい街並み、都市景観を持つ街

⑦海・港に面した開放感あふれる街

⑧歴史と現代、未来が共存した「時の蓄積」を感じる街

⑨安全・安心を感じながら時間を過ごせる街

⑩地球環境に優しい先進的な取組みが展開される街

⑪街の姿、活動の情報が常に世界から注目される街

⑫皆が誇り憧れる「ブランド」を共有する街

〈一般社団法人横浜みなとみらい21〉は、現在、①街づくり調整事業、②環境対策事業、

〈MM21〉地区の主要なエリアマネジメント活動
（一般社団法人横浜みなとみらい21案内パンフレットより作成）

③文化・プロモーション事業の三つを主要な柱として多様な活動を展開している。

主要なエリアマネジメント活動は以下に示す、「内向きのエリアマネジメント活動」と「外向きのエリアマネジメント活動」に含まれる二つの活動である。

三―五 エリアマネジメント活動――事業のこれまでとこれから

これまで進められてきたエリアマネジメント活動は、多くの場合、エリアの課題解決やエリアの活性化を目指してきた。〈一般社団法人みなとみらい21〉が進めてきた活動も、当初はその類型に入るものが多かったと考える。前記の活動のうち文化・プロモーション活動の大部分はエリアの活性化を図る活動であり、この範疇に入るものである。また環境関係活動の中の清掃活動の実施や、街づくり調整活動のうちの交通対策等の検討なども安全・安心に関わる事項であり、この範疇に入るものである。

そのような活動は今後も必要であると考えるが、近年の社会動向から生まれてきて、今後取り組んでいく必要がある重要なテーマについては①②に示す以下のような認識を共有し、エリアマネジメント組織として活動を展開していくことが必要であると考える。簡潔に述べるならば、これまでのエリア内を対象とした「内向きのエリアマネジメント活動」から、新しい社会動向を見据えた「外向きのエリアマネジメント活動」への展開である。

「外向きのエリアマネジメント活動」については以下のようにまとめることができる。

①社会的な課題である「環境・エネルギー」および「防災・減災」に関する取組みをエリアマネジメント活動の重要な取組みとして実践する必要がある。すなわち、環境へ

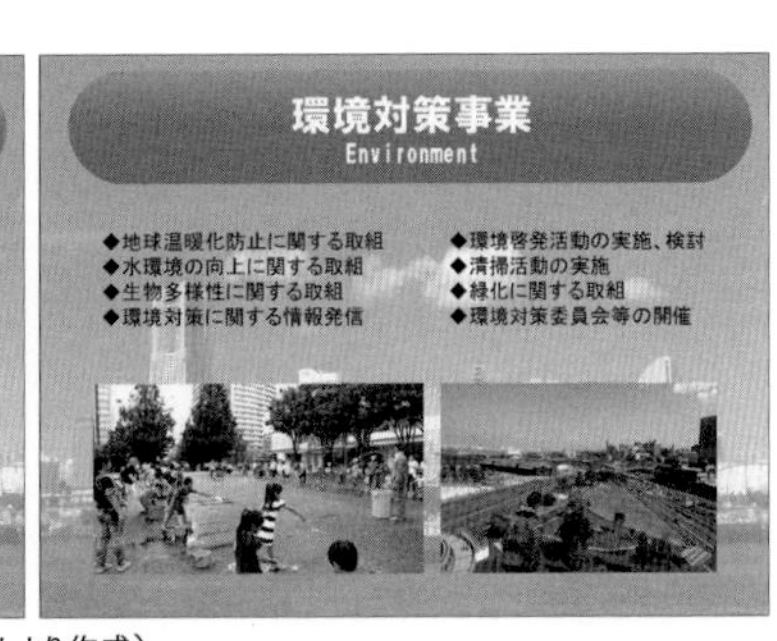

（一般社団法人横浜みなとみらい21案内パンフレットより作成）

の配慮や大災害への対応といった、近年急速に意識されている社会的課題は、都市のつくり方や都市の活動と密接に関係しており、エリアの地権者をはじめとする多くの主体が連携して取り組むことによって効果が上がる課題である。したがって、エリアマネジメント活動の今後の重要な取組み領域として実践していくことが必要である。

②「環境・エネルギー」と「防災・減災」を掛け合わせて考え、マイナス（リスク）を減らしプラス（魅力）を生み出すことが必要である。「環境・エネルギー」と「防災・減災」は個別に考えるのではなく、平時の「環境・エネルギー」への対応と有事の「防災・減災」への対応を掛け合わせていくことが必要である。

〈一般社団法人みなとみらい21〉の「内向きのエリアマネジメント活動」

「内向きのエリアマネジメント活動」の代表的な活動が公共空間を生かした賑わい創出活動である。〈みなとみらい21〉地区での賑わい利用の対象となる公共空間には次のものがある。賑わい利用とは一定のルールのもと、オープンカフェをはじめ音楽イベントやアートイベント、パフォーマンス、マルシェなど人々が誰でも自由にその場を使い楽しみ、公共空間の賑わいや魅力を増すことにつながる利用を目指すものである。

公開空地には六〇点を超えるパブリックアートが設置されている。インナーモールとしての「クイーン軸」、横浜駅近くから臨港パークまで伸びる「キング軸」、これらと交差し〈MM21〉地区の中央を横切る「グランモール軸」が公園としてあり、桜木町駅前広場、さらには臨港パーク、カップヌードルミュージアムパーク、赤レンガパーク、象の鼻パーク、汽車道、運河パークなどの港湾緑地として位置付けられている空間も公共空間として賑わいをつくりだすのにひと役買っている。これらの公共空間を活用して〈MM21〉地区に賑わいをつくりだしている。具体的には一九八四年に㈱横浜みなとみらい21〉の発足と同時に地権者を中心につくられた自主ルール「〈みなとみらい21〉街づくり基本協定」を〈一般社団法人みなとみらい21〉が継承して、二〇〇九年からエリアマネジメント活動として展開している活動である。

公共空間を利用した賑わいづくりは、まず社会実験として「〈みなとみらい21〉地区公共空間活用社会実験実行委員会」を組織して始められた。委員会は①公共空間の活用を促進し、回遊性の向上および賑わい創出を行うための課題を検証すること、②エリアマネジメント団体として、公共空間で飲食・物販に伴うイベントを行うための法令上の課題を検証すること、を課題として活動をした。そのための社会実験として、二〇一〇年から二〇一三年にかけて「JAZZ & WINE」「JAZZ & BEER」を実践し、また二〇一二年からオープンカフェを実践している。

前記の社会実験を通して、JAZZなどの音楽イベントやオープンカフェが賑わいづくりに有効なことが実証されている。また〈一般社団法人みなとみらい21〉がエリアマネジメント団体として〈MM21〉地区の公共空間利用の申請窓口となるため横浜市と協議を重ね、一定のルールづくりが行われた。

ルールづくりとしては①横浜市市街地環境設計制度の改正、②公園利用の許可基準の運用がある。①横浜市市街地環境設計制度の改正は二〇一三年九月に、公開空地の一時使用に関して「賑わいの創出や憩いの空間形成等、地域の街づくりに資するもの」の運用基準を新たに定め、地権者などで構成されるエリアマネジメント団体が、地域の活性化や街の賑わいの観点から横浜市と連携して取り組むものに関して、従来不許可であった物販を含むイベントが認められるようになった。②公園利用の許可基準の運用はグランモール公園において、地域の賑わい創出のため、エリアマネジメント団体に限りオープンカフェが実施できるようになった。

社会実験の成果を受けて、「〈みなとみらい21〉公共空間活用委員会」に衣替えし、当委員会に参加するメンバー（事業者など）による公開空地・有効空地、グランモール公園および桜木町駅前広場の利用について、一定の審査基準に基づく委員会による承認を受けたうえで、一括して許認可手続きが可能になり、これまで個別では許可されなかったオープンカフェやイベントが可能となった。

現在では、オープンカフェをはじめ、物販を伴うマルシェや様々なイベントが、公開空地や公園を連携活用することでできるなど、大規模なイベントも実施されるようになった。

「外向きのエリアマネジメント活動」

(a)「環境・エネルギー」活動

「環境・エネルギー」活動のうち、エネルギー活動について述べると、その第一は地区内の冷暖房である。地区内にあるプラントで冷水・蒸気を集中的に製造し各施設へ供給しており、個別方式と比較して約一五%の省エネ効果があるとされている。CO_2の排出量も約一五%削減されている。具体的には、冷房用にはプラントから六℃の冷水を各建物に送り、一三℃でプラントに戻している。暖房については、一八〇℃

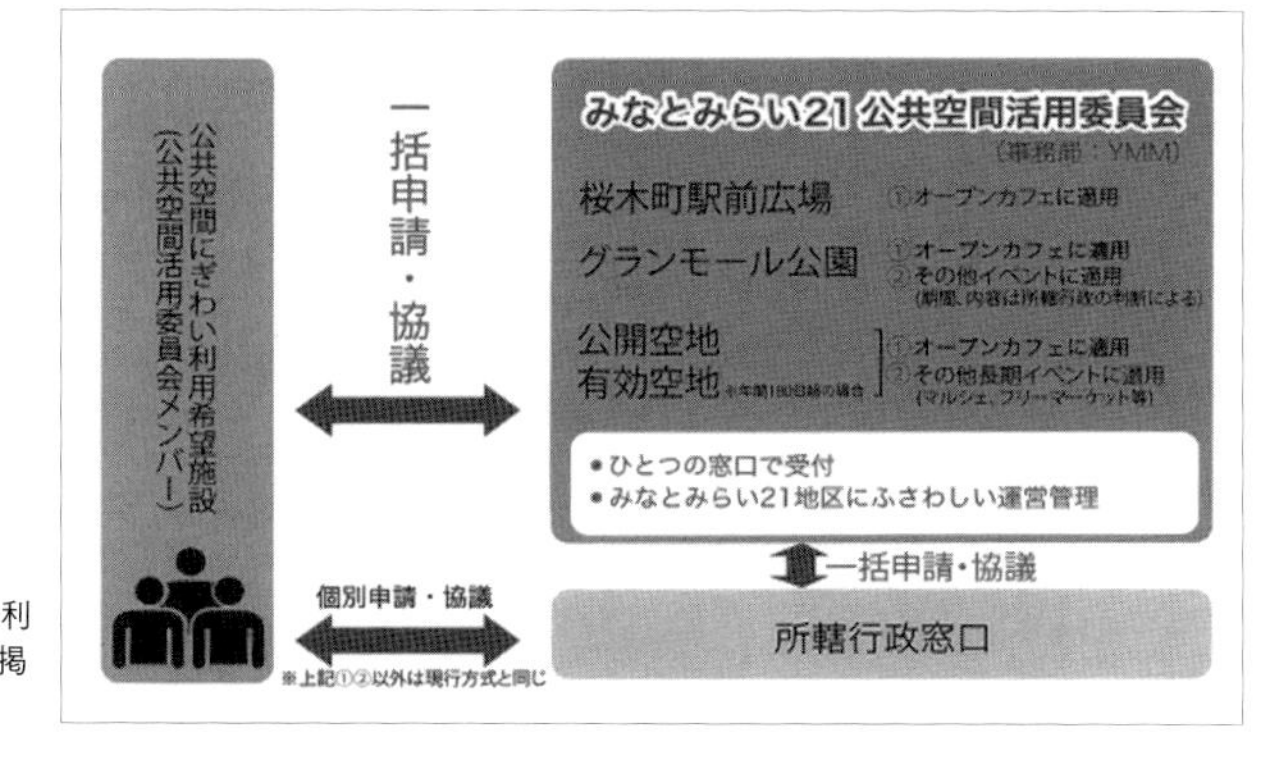

公共空間活用委員会による賑わい利用の仕組み（新都市2016年1月号掲載図をもとに作成）

の蒸気を各建物に送り六〇℃で戻している。プラントでは、冷却には値段の安い深夜電力を使い、暖房では都市ガスを使用している。このシステムにより、個別システムと比較し一五％の省エネルギー効果が生じている。

第二にCASBEE横浜である。CASBEE横浜は、建築主の環境への取組みを横浜市が評価し、認証するシステムである。建築環境総合性能評価システム（Comprehensive Assessment System for Built Environment Efficiency）の略である。最高位のSランクは横浜市内に八棟あるが、そのうち、半分の四棟が〈みなとみらい21〉地区内の建物である。

また横浜市では、平成二二年度（二〇一〇）から社会実験として、YSCP（横浜スマートシティプロジェクト）を実施しており、市内二〇か所のビル、このうち〈みなとみらい21〉地区では、パシフィコ横浜や横浜ランドマークタワーなど八か所が参加している。

BEMSの活用などにより、最大二〇％以上のエネルギーのピークカットを実現するなど成果を上げ、また、ノウハウの蓄積が行われている。この実証実験の成果を生かして、平成二七年度（二〇一五）から、新たな協議会YSBA（横浜スマートビジネス協議会）を設立し、いっそうの低炭素化を目指す都市づくりを推進することとしている。

環境活動のうち緑化に関しては、第一にグランモール公園の再整備がある。グランモール公園は幅員二五m、延長約七〇〇m、〈みなとみらい21〉地区の中央部を横断的に貫く主要な都市軸となっている。供用開始から約二五年が経ち老朽化も見られる

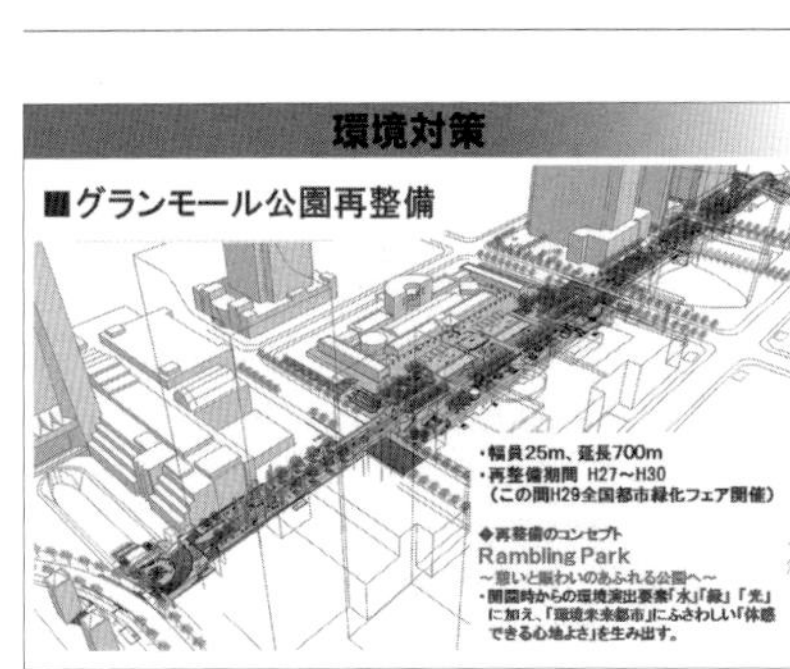

環境対策：グランモール公園再整備
（資料協力：三菱地所設計）

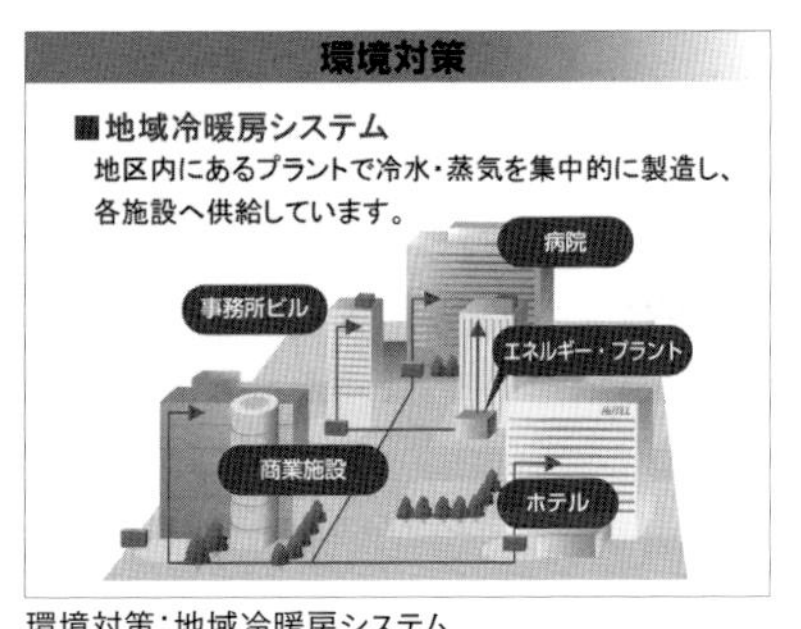

環境対策：地域冷暖房システム

ため、新たな魅力づくり・賑わいづくりに向け、平成二七年度から再整備工事が始まっている。竣工は平成三〇年の予定である。

第三に、〈MM21〉地区を三地区に分けて、それぞれに協議会を設置して公共施設緑化、民有地緑化、およびその維持管理活動を市の助成を受けて実施している。

低炭素化等を推進するため、エコモビリティの取組みが行われている。まず、コミュニティサイクルベイ・バイクであり、三か年の社会実験を経て、平成二六年度から本格実施している。現在、ポート数は三九か所（平成二七年三月現在）で、台数は四〇〇台、すべてが電動となっている。またチョイモビは、平成二五年一〇月から平成二七年九月まで、好きな場所で借りて、返せる大規模ワンウエイカーシェアリングシステムとして社会実験を行った（ステーション数は最多時で六〇か所）。平成二八年三月現在は、台数・運行形態等を縮小しながら社会実験を継続中である。

環境啓発活動として、春・夏にライトダウンの取組みを実施している。春のアースアワーとして、毎年三月に開催される世界規模のライトダウンイベントで、世界一五〇か国以上の国々が参加しているイベントに、横浜市、とりわけ〈みなとみらい21〉地区が積極的に取り組んでおり、三〇以上の施設が参加している。このほかに、夏のライトダウンキャンペーンも実施している。

次に、タワーズミライトであるが、この取組みはクリスマスイブにオフィス施設の全館点灯を行うイベントであり、普段より余分に電力を使用するが、二〇〇八年から（それまで数日間行っていたものをクリスマスイブに限るとともに）、余分な電力についてはバイオマスや太陽光などの自然エネルギーで賄うこととし、その証として「グリーン

環境対策：地域緑の街事業
グランモール公園（公共施設）、運河パーク（維持管理）
（一般社団法人横浜みなとみらい21案内パンフレットより作成）

電力証書」を購入し、全国的に実施されているグリーンパワークリスマスに協力して行っている。街全体が一つのイルミネーションになって、ひときわ華やかに光り輝く年末恒例のイベントであり、この華やかなイベントも地球温暖化防止に貢献するイベントとして実施されている。

また、〈MM21〉のエリアマネジメント活動の一環としての「環境・エネルギー」は、〈みなとみらい2050〉プロジェクトとして、横浜市の環境未来都市のリーディングプロジェクトとして位置付けされており、平成二六年四月に審議会答申が出され、それを踏まえて平成二七年三月にアクションプランが策定されている。エネルギー、グリーン、アクティビティ、エコモビリティの四つの分野からなり、街の魅力や価値をいっそう高め、「世界を魅了する最もスマートな環境未来都市」の実現を目指すものとされている。

(b)「防災・減災」活動

〈みなとみらい21〉地区は、当初から防災対策を重視して街づくりを進めている。インフラ・建物のうち、道路や宅地は造成時に地盤改良を行っており、地盤沈下、液状化防止が図られており、東日本大震災の際にはそのことが強く認識されている。

さらに共同溝は、災害時にもライフラインの途絶や交通遮断などの二次災害の防止が図られる大変有効な都市インフラとして整備されている。また建物はすべて耐震基準を満たし、さらに制震構造、免震構造なども多く採用され、耐震性能に優れた建物が建設されている。

一方、〈みなとみらい21〉地区には、地区を越えた周辺地域、市域、広域に寄与す

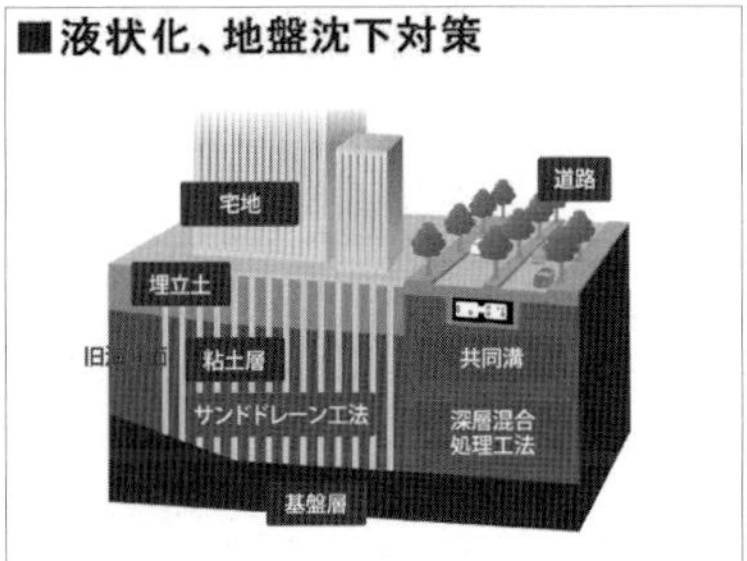

■液状化、地盤沈下対策

防災対策：液状化、地盤沈下対策
宅地の地盤改良→サンドドレーン工法
道路の地盤改良→深層混合処理工法

る広域的な防災関連施設が整備されている。まず、耐震バースが災害時の海・空からの緊急救援物資の輸送拠点となり、さらに海上防災基地は被災者の救援活動など、東京湾全体の海上災害の応急対策拠点となる。

また、災害用地下給水タンクは循環式の地下貯水槽で、公園等に四基設置されており、災害時には五〇万人分の飲料水を三日間供給できる容量となっている。

このほか、災害時の拠点病院となる「けいゆう病院」や、地区内警備の拠点となる「みなとみらい分庁舎」などがある。

こうしたことから、〈みなとみらい21〉地区は地盤・建物も含め、安全性が高い街として形成されてきたと考える。

横浜市の防災計画においても、大規模延焼火災の恐れが低い地域、つまり大規模火災の際の広域的な避難場所として、また、通常は大規模公園等が指定されている、都心部における「帰宅困難者の一時避難場所」として地区全体が位置付けられている。

また、地区内各施設が連携・共同して帰宅困難者の受け入れを進める仕組みづくりを検討している。

一方、津波については、東日本大震災以降見直しを行い、発生の可能性のある最大クラスの津波を、慶長型地震による津波として予測を行っている。横浜市内全域で最大四m、満潮時には四・九mとなると予測している。この慶長型地震による津波でも、〈みなとみらい21〉中央地区は一部の水際線の部分を除いて、大部分のエリアが浸水しない予測となっている。

東日本大震災を踏まえた、新たな防災関連施設の整備も進めており、主に、帰宅困

耐震バース

海・空からの緊急救援物資輸送

防災対策：広域的な防災関連施設

災害用地下給水タンク

公園等4か所に設置
50万人×3日分の飲料水を供給

海上防災基地

被災者の救援活動など東京湾全体の
海上災害の災害応急対策拠点

難者対策用の防災用備蓄庫一か所、津波警報伝達システム六か所、さらに各所に津波避難情報板、海抜表示などを設置している。

以上のように、〈MM21〉地区は災害に強い街として形成されてきたが、その強みに加えエリアマネジメントを推進している地区の特徴・活動基盤を生かして、地区内関係者が連携する共助の取組みを進め、災害に対してより強靭な「安全・安心な街」の実現を目指している。

このため、二〇一四年一二月に防災エリマネ推進委員会を発足させ、本格的な検討・活動を開始している。

「防災・減災」活動にはソフトな活動も必須であり、〈MM21〉地区での主な取組みを紹介すると以下のようになる。①講演会や防災訓練など自助・共助の仕組みづくりと意識啓発、②情報受伝達体制としてはすでに地区内全施設や行政と連絡する体制が構築済みとさらなる機能強化、③帰宅困難者等対策として、地区内各施設が連携・共同して受入れを進める仕組みづくり、④災害時には火災への対応が優先され、救急車が出動できないということがあるので、地区として自助・共助による医療機能の確保に向けた取組み、⑤こうした取組みについて、行政機関や報道機関、鉄道事業等、関係機関との連携である。

三―六 社会関係資本としてのエリアマネジメント

エリアマネジメントにおける社会関係資本の実際の内容を分解してみることとする。

防災対策

防災対策：防災関連施設の整備

開発の時点から管理・運営を関係付ける

マネジメントという言葉を使うと、一般には維持管理と理解される。都市づくりで言えば、「つくる」段階が終了した後の維持管理という位置付けで理解される。しかし今日のマネジメント、あるいはここで言うマネジメントは「つくる」段階から「育てる」ことを考えるマネジメントである。すなわち開発の時点から、その後の管理・運営を考え、関係付けていくことが必要であるということである。そのことを「エリア」の単位で考えると、そこに「エリアマネジメント」の必要性が出てくる。

〈MM21〉は開発の時点から、マネジメントに対する考えを持っていたと思われるが、その後の組織のあり方の見直しや、いくつかのルール策定などを見ると、十分なエリアマネジメント活動を進めるための仕組みは開発の時点ではできてなく、徐々に補完してきた姿が読み取れる。

(a) 開発の質のレベルと管理コストとの関係

開発の時点からその後の管理・運営を考えていくと、一般に開発の質を高めることにつながる場合が多い。それは地区間競争の時代における都市づくりの時代であることを反映したものであると考える。

具体的には、一般の地区と異なるレベルの高い都市整備などを行えば、行政が行う一般的管理のレベルとの違いが出てくる。そのため「エリア」としてその管理の差異に伴う維持管理コストの上昇分を補完する仕組みが必要であり、「エリア」の多くの関係者が合意してこれにあたらなければならない。

〈MM21〉では緑地の整備が地区全体に展開しており、一般市街地とは異なる魅力をつくりだしている。さらに〈MM21〉の緑空間の特徴の一つであるグランモール公園の再整備が進められている。

(b) 特色ある空間配置の実現

大都市都心部であれば、「一つの通り」を魅力的に活用するためには、「つくる」段階からその後の街を「育てる」ことを考え、空間配置、たとえば公開空地やアトリウム、さらにそれら空間と歩道との関係などを考える必要がある。そのためには多くの権利者等が存在する「一つの通り」に、一定のルールを決めておく必要がある。現在、実践されているものとしては「街づくりガイドライン」等がある。

具体的な事例としては、大手町・丸の内・有楽町地区のエリアマネジマンと活動の中で、「仲通り」をガイドラインに基づき賑わい空間として整備している事例があるが、〈MM21〉にもそれに劣らない賑わい空間づくりがクイーンズモールとして実践されており、さらにキングスモールの実現も期待されている。

開発の時点とは異なる管理・運営時点での公民などとの関係の構築

都市を「つくる」段階では、官と民間との関係は、基本的に開発関係行政セクションと開発事業者との関係である。一般的には開発事業を官が規制する関係である。官と民間の関係は、民間が官の持つ都市計画法や建築基準法などのあらかじめ定まった開発関連規制でコントロールされる関係である。

しかし「育てる」段階での民間である「エリア」関係主体と官との関係は、「つくる」

段階での官との関係は大きく異なる。「育てる」段階の官と民間の関係は、それぞれの関係主体が大きく異なる。官は道路や公園等の公共空間を管理するセクションなど、さらに警察、保健所などの官が登場してくる。一方、民間は開発事業者ではなくビル所有者などの所有権者、ビルに入居しているテナントなどである。

その結果、官側が公共空間の管理という従来型の対応をすると、民間側が考えている「エリア」内の公共空間の利活用の考えと食い違いを生じやすい。近年では、一定の枠組みのもとに道路、公園などの公共空間を民間が利活用できる仕組みが生まれているし、制度的にもそのような動きを担保する仕組みが生まれている。

〈MM21〉では、「〈みなとみらい21〉地区公共空間活用実行委員会」に参加するメンバー（事業者など）による公開空地・有効空地、グランモール公園および桜木町駅前広場の利用について、一定の審査基準に基づく委員会による承認を受けたうえで、一括して許認可手続きが可能になる先進的な取組みがなされている。現在ではオープンカフェをはじめ、物販を伴うマルシェや様々なイベントで公開空地や公園を連携活用することができ、大規模なイベントも実施されるようになっている。

多様な地域関係者間の関係の構築

「つくる」段階での関係者は開発事業に関わる関係者であり、多様な関係者がいるものの開発事業という一時期の関係者である。「育てる」段階での関係は「エリア」に関わる様々な関係者が存在する。まず当然のことであるが地権者・建物所有者間の関係がある。さらに地権者・建物所有者とテナントとの関係がある。

ここで取り上げている「エリア」を特に設定して、前記の多様な関係者を巻き込んで、街を「育てる」には既存の地域組織では対応できないと考える。そのため、各地に関係者間の柔らかな組織としての「街づくり協議会」などが行政区画などで限定されずに誕生している。柔らかな組織としての「街づくり協議会」の関係者間では「街づくりガイドライン」や「街づくり憲章」などと呼ぶ自主的な協定に近い関係を結んでいるのが一般的である。

〈MM21〉では、先に述べたように〈一般社団法人MM21〉エリアマネジメントが存在して、憲章をつくりガイドラインを生み出して活動している。

エリアマネジメントの組織と組織化

一般には、最初は任意組織としての協議会形式をとり、やがて法人組織に移行する場合、あるいは協議会の中に法人組織を持ち、二層の組織となる場合もある。

エリアマネジメント組織の重層性になる理由は、任意組織としての街づくり協議会の活動が展開してくると、協議会として金銭問題をはじめ様々な責任を負う場面がでてくるが、街づくり協議会のような任意組織の場合では、責任を協議会の会長が一人で背負うこととなる。そのため、街づくり協議会組織自体を株式会社、NPO法人、社団法人などの法人格化する必要が出てくる。その場合、街づくり協議会と並行して法人組織を置く場合がある。現在は後者が一般的である。

逆に言えば、エリアマネジメント活動を進めてゆくと、法人格を持った組織でなければ扱えない事項が出てきて、やむを得ず既存の法人組織である株式会社などを借りて法人化していると言うことができ、「新たな公」の存在が近年盛んに言われている我が国で、エリアマネジメント組織に相応しい法人組織のあり方が問われているとも言える。

〈MM21〉地区では、当初から株式会社組織としてのエリアマネジメント組織があり、その後「街を育てる」ことが中心的な業務になるとともに、一般社団法人に衣替えして「新しい公共」としての環境・エネルギー活動や防災・減災活動を進めるようになっており、将来一般社団法人から公益社団法人への移行も考えていると言われている。

グランモール公園（写真：フォワードストローク）

【座談会】

〈みなとみらい〉の魅力をつくった思想と方法――公民協働と都市デザイン

恵良隆二、金田孝之、国吉直行、小林重敬
中尾 明＋浜野四郎（司会）

浜野　「公民協働」と「都市デザイン」という、この二つのテーマが〈みなとみらい〉の魅力をつくった大きな要素だと考えていまして、そこを中心に議論いただきます。

　まず最初は、戦後の都市計画の歴史を振り返りながら、〈みなとみらい〉の開発というものがどのような性格を持っているのか、どのような位置付けになるのかに触れていただき、公民協働の視点で〈みなとみらい〉の特徴を浮き彫りにしていきたいと思います。

　それから、都市デザインの果たした役割を、公民それぞれの観点から意見を言っていただいて、〈みなとみらい〉の魅力の要因を明らかにしていけたらと思います。

　そして最後に、〈みなとみらい〉がアジアや世界の中で存在感を出していくにはどうすればよいか、ご意見をいただきたいと思います。

公民協働

日本の都市計画の歴史と〈みなとみらい〉の開発

小林　日本の都市計画というのは、基本的に開発型なのです。デベロップメントをベースに考えてきて、開発した後どうするかという考えは基本的になかったと思っているわけです。横浜市は規制誘導型とか、民間に対して規制によって開発をコントロールしていこうという手法がありましたけれど、基本的にはやはり開発を前提として、それをコントロールするというのが一般的な考え方ですから、コントロールの中に、開発した後どうマネジメントしていくかという話は、必ずしも入っていないですよね。
　そういう中で〈MM21〉を開発して、開発すればわかるのですけれど、これだけの開発をやったら開発した後どうするか、という課題が出てくるのは当たり前の話です。

〈みなとみらい21〉を横浜市が中心になって民間と一緒に開発する公民協働の事業としてやりました。その後、公民協働の組織をつくってしっかり街づくりをやってきました。それは極めて的確な判断であったと思うのです。ただ、都市をつくること自体に、その後マネジメントするという考え方が必ずしも入っていなかったが、クイーンズスクエアのようなかたちで内部空間をしっかりつくって、民間ベースでマネジメントしやすい空間をつくったという意味では、先を見ていたかなという感じがします。

ただ、〈MM21〉全体を見ると、全体を民間が中心になってマネジメントできるかと言うと、やはり〈MM〉の場合は公共がかなり関わらないといけない都市づくりをやってきたと思います。

今まさに国をはじめとして、コントロールによる都市開発づくりに限界を感じ、マネジメントをどうやって都市計画のほうに組み入れることができるかという議論を始めています。

そういう時代の大きな変わり目にあって、〈MM21〉がある部分、対応してきた部分がうまく生かされてくる時代になると思いますが、ただただまだ足りない部分もかなりあって、やはり〈MM〉の場合は横浜市がリーダーシップをとってやっていかないと、私が言っているエリアマネジメントも十分にできないのではないかというように思っています。

浜野　エリアマネジメントの出発点はクイーンズスクエアの開発ということですが。

金田　昭和四〇年代の中頃に都市計画法ができて、横浜市はその運用について独自性を強く持っていたが、〈みなとみらい21〉の事業化の頃は地区計画など建設省と共有する問題意識も有するようになっていた。たまたま〈みなとみらい〉で共有する問題意識を持って

金田孝之

他の組織と議論できるプラットホームができたのは非常に大きいと思います。

それから、横浜市の場合、都市づくりの手法としては「開発誘導」であるのだけれども、もう一つは、「ここが問題ある区域ですよ」と非常に大きく設定して、そこに課題を設定したわけです。あの一九八二年のマスタープランというのは、本来、都市計画法のマスタープランでも何でもないですよね。皆さんが共有する共有指針です。そこが非常に珍しいところだと思います。

クイーンズスクエアというのは、いくつかの必然性と偶然性があるのですけれども、第一期の開発として、あそこにぜひモールをつくりたい、バリアフリー空間をつくりたいという大髙さんの強い気持ちがあって、皆さんも賛同されたことが大きな出発点になっているし、それを前提に絵を描かれているのが一つです。もう一つは、それが頭にあったものですから、三菱地所と最初に議論するときに、あの空間をつくっていきたいと。それから、残りの24街区のほうは、事業コンペの要項にすでに入っていて、そのコンペの要項は誰がつくったかと言うと、三菱地所、住宅都市整備公団、横浜市でつくったわけですよね。だから24街区をつくるときも、基本的な事業のスキームも含めて、つくったのはすでに25街区の開発、ランドマークをやった開発の関係者がつくってやったものですから、否が応でも24街区と25街区というのは一体的になる構造になったと。それをなぜやったかということになると、当時、一気にあの開発を進めたかったという横浜市側の思いが一つあったし、三菱地所側も隣の開発ができなければ自分の開発も取り残されるという思いがあったということです。それから、さっき言った住宅都市整備公団のほうで、土地区画整理事業の中でぜひあのインナーモールをつくりたいというお話があったので、その三つが一緒になった。それはなぜ一緒になったかと言うと、さっき言ったように、横浜市側の経験と、国側の経験が一緒に入ってプラットホームができて、そこに三菱地所さんが入ってこられたから。その前の一〇年間の経験がなければ議論することないですから、一〇年間の経験があって、プラットホームがあって、そしてそれの一つの具体的事例としてインナーモールというのができると思うのです。インナーモールの必然性というのは、あくまでも大高先生が提案されたこと抜きには考えられないですね。

公共空間のあり方の議論

浜野　三菱地所さんからすると、〈MM〉をどのようにとらえていたのですか。

恵良　民間は街区開発を担う役割でした。最初の街区開発である25街区は、〈みなとみらい〉の街づくりの思想を具現化して世の中に提示することを期待されていると、当時のプロジェクトチームは考えていました。超高層のオフィスタワーを建設することの意味はありますが、街づくり的にはクイーン軸が重要であるとの認識がありました。たとえば、ランドマークタワーの竣工よりもクイーン軸の街開きのほうが、横浜市長や市役所の方々は祝福してくれるのではないかと考えていました。街開きのテープカットの高揚感を思い起こします。クイーン軸の空間づくりのキーワードになったのは、「コモンスペース」と「アクティビティフロア」の議論でした。二つをセットにして賑わいの都市軸の議論を

恵良隆二

我々と市とで行ったことに意味があったと思います。クイーン軸の公共空間とは何だろうか、という議論があってああいう親密な空間がある。〈みなとみらい〉の幹線道路の空間でできるものではないですね。25街区の賑わいのある公共空間づくりはクイーン軸に集中したわけです。そこで我々が学んだのは、公共空間の概念であり、従来の道路や公園の理解を少し超えていく必要があるということでした。

そんなときに、クイーンズスクエアの計画が始まったのです。その頃、〈YMM〉（㈱横浜みなとみらい21）を中心とした街づくりの議論の一つに「都市管理」というテーマがありました。区画整理事業で生まれる公共空間の目的と管理水準や活用を実現する方法の議論です。一般的な公共空間の管理との違いや管理費用の原資、法制度的な内容も含んでいたと思います。空間をつくることから運用することへの議論でもあったと思います。こうした体験は丸の内へのヒントにもなりました。

また、25街区のクイーン軸計画では、商業施設の形態議論も重要でした。商業計画では大きな商業施設のかたまりとそこに至る商業モールの関係を神社と参道に例えます。25街区には神社にあたる大きな商業の核はありません。当時の商業計画の専門家の中には、非常識な選択という方もいました。我々の考え方は、桜木町駅からのクイーン軸の終点はウォーターフロントにあり、美術館へ至る参道でもあるということです。そして、25街区とウォーターフロントの間にクイーンズスクエアがあると理解していました。そして、やがて〈みなとみらい〉線の駅が新設される。新駅からの25街区への誘客も視野に置く必要があったのです。クイーン軸形成にはこうしたイメージを持って取り組んでいました。

ランドマークタワーの開発の拠り所に〈みなとみらい〉のビジョンの存在があります。何もない工場跡地や埋立て地というまっさらな場所にオフィスや商業のテナントを誘致するには、将来の街づくりが実現することの担保が必要でした。それは、横浜市の姿勢や公民が共有するビジョンとマスタープランの存在です。

最後に、丸の内再構築とのつながりについて触れてみます。最初のプロジェクトとなった丸ビルですが、行政との協議の中で丸の内全体の考え方、マスタープランを求められました。三菱地所以外の地権者が七〇%を占める丸の内で、そのときに街の将来像は示しきれるものではありません。我々は、建築や都市空間のかたちではなく、ゾーニングや都市軸の考え方や街づくりの仕組みを説明しました。街路形態を継承して街区単位で順次建て替える考え方ですから、公共空間と各街区の関係やゾーニングを重視したものです。公共空間と民間施設の間の「コモンスペース」と「アクティビティフロア」の議論です。丸の内仲通りを環境と賑わいの都市軸とする考え方を取りました。街並みや交差点のデザイン、ソフト面を重視した街づくりです。その背景には、〈みなとみらい〉のクイーン軸の経験がありました。

また、丸の内はビジネスの街です。同じような企業人が多くいて、ある種の価値観が醸成され共有されている。たとえば歩いていても車が遠慮してくれる。ゴミも少ない。そういう暗黙知的な部分に支えられた価値観がある。その価値観は街づくりのベースになるだろうと感じていました。エリアマネジメントへとつながるものです。公共空間の概念とその都市空間の管理のベースになるものです。これも〈みなとみらい〉の経験の中から生まれた見方だと思います。

イメージの共有化

浜野　たとえばコモンスペースであるとか、アクティビティフロアであるとか、そういう要素も持たせて、空間のイメージを共有化する。それを実現するには、必然的にマネジメントの思想が入ってこないと成り立たなかったということですね。

中尾　計画をいろいろイメージしたり議論している中で、エリアマネジメントの思想が当時明確にあったかどうかということについて言うと、若干疑問かもしれません。ただ、こういう空間があってほしい、そこでこういう活動があるといいとか、あってほしいものについてのイメージというのは結構みんなで議論して、それはかなり共有できていたと思います。それをどう実現していくかということは、事業の部分と、その後マネジメントしていく両方の局面があると思うのですが、少なくとも出発点では、アクティビティフロアという概念を初めてここで提案したり、コモンスペースのあり方を議論しました。これは〈MM〉の都市デザインの議論にもつながっていったと思います。都市軸というのを結構考えましたね。桜木町からパシフィコまでの人の軸線をつくりたい、街のど真ん中を横切るもう一つの軸線をつくりたい、またこれはなかなか実現していないけれど横浜駅からの軸線、そういう都市の骨格となる軸を、主に歩行者の空間を主体につくっていきたいという議論をしました。それをどうつくるかと言うときに、一つは商業施設と絡んだインナーモールがいいのではないかという提案があったり、都市のど真ん中にはゆったりした逍遥空間があったらいいのではないかということがあったり。また、この街における、街区は大きく切ってある中で、歩行者の活動に焦点をあてた空間を大事にしていきたいというコンセンサスもあったように思うのです。クイーン軸に、それなりのマネジメントができる空間ができ上がっていると同様に、グランモール沿いも一つのまとまりを持ちつつ、周りが開発されてきて、みんながそれに寄り添って開発していることが起こっていると思います。

ですから、〈MM〉というのは、計画論としては非常に曖昧模糊としたところから出発しているのだけれども、ただそこでこうあってほしいという価値観はかなり共有していたし、イメージもみんな共有できている。確かに他人の土地には勝手に絵を描けないのですけど、〈MM〉は全部描いてしまった。そのことで何となくこういう街ができるのかなと。それが都市デザインを誘導していく上での、一つの価値観の基準にもなっているという部分があると思うのです。そういう意味では、我が国の都市計画の今までのいろいろなプロジェクトの中で、やはりユニークな位置を占めているのではないかと思います。

リノベーション型街づくりの先駆例とエリアマネジメント

浜野　関内地区では、馬車道や元町で歩行者空間整備を都市デザイン室がやってきました。そのエリアをどうやって活性化したらいいかとか、そういうことも当然頭にあっていろいろなデザイン指導とかコントロールがあったと思うのですがいかがでしょうか。

国吉　多分次の都市デザイン論のところにも関係してくるのですが、小林先生は現在の評価、課題のことをおっしゃっていたけれども、その前にそれまでの都市計画から言うと、既存の市街地を再整備していくアプローチというのは、日本の場合、あまりなかったわけ

国吉直行

です。ニュータウンを新たにとつくるとか。そういう中で、まずは横浜駅も関内も含めた大きな地域をどのように構築し直すか、何ができるかということを横浜市は考えたわけです。それが既存市街地である関内地区であり、それから少しスクラップ・アンド・ビルドしていこうという〈みなとみらい〉であり、でもそれを既存市街地と関連しながらどうやってつくっていくかという発想だったわけです。ですから、常に全体を見ながら進めようという意識が横浜市にはあって、それについては開発のところだけはやっているけれども、周辺はあまりやらないという都市が多くて、関係しながらやってきたということを横浜市はきちんとやったのだと思うのです。

そういう中で、既存市街地の再生においても、既存の市街地をもう一回きちんと見せるための都市軸をはっきりさせようとか、そういうことを打ち出していって、そのうちの一地区が緑になったり商業軸になったりとかしていくという。それを形成する中で、関内は今で言うリノベーション型街づくりをやったわけです。そういうときに、やはり地域が共有するコンセプトがないとバラバラになるから、それを柔らかくつくっていく、一〇〇点はとれないけれど六〇点ぐらいのものを組み合わせていくことはできるという発想で打ち出して、柔らかい地域のコミュニティみたいなものをつくっていきました。

だから、エリアマネジメントという言葉は使っていないけれども、地域の方々が主体となって運営していく組織をつくりました。企画委員会とか、街づくり委員会とか。それで共有するルールみたいなものをつくっていこうということで、行政主導でそういうことをやったわけですけれども、すでにその次のことを見て、地元を前に立てるやり方をとりました。主体的にやらないところは応援しませんよという姿勢で横浜市は進めました。小林先生にもお手伝いいただいた山下公園などでもそういうことをやっていって、そこでおぼろげながら地域組織が育っていくことにつながっていったわけです。

我々の都市デザイン活動には、そういうものを普及させていこうという運動論的なところがあって、それが一〇年ぐらい実践を見せている中で〈MM〉が動いたときに、〈MM〉のチームも地権者の方も、関内でやっているそういう動きみたいなものを見ながら、ここなりのやり方はどうするかというふうにつながっていった。ですから、空間的なものと地域が連携するみたいな、事業者同士が連携して街をつくるみたいなことは、その前に少し関内で実験されていたということだと思うのです。

金田 当時、八十島先生にも聞いたのですが、「こんな広いところを開発したって使いようがないでしょう」と言ったら、そのとおりだと。とにかくここを開発してくれる人を探すのが大事だと。具体的には細郷さんが果たされた大きな役割だけど。とりあえず住都公団と三菱地所が入ってくれて、やっと何とかできるだろうという感じでしたね。

国吉 一方で港北ニュータウンとか、そういうところでもやはり地権者を前面に立てて、地権者を生かしながら全面買収するのではなくて、地権者とも今後もやっていけるようにとか、そういう地権者参加型の都市づくりというのを大事にしていたというのはすでにありますよね。

浜野　マネジメントと言うか、そういう地権者協働で何かやっていこうとか、そういうお話は丸の内ではなかったのですか。

恵良　丸の内の歴史は明治の市区改正計画が基本です。仲通りなどの主要道路はそこで決まっています。昭和三〇年代の再開発で、一〇〇m四方の街区に軒高三一mの建物が並ぶ都市景観が生まれました。そこでは都市軸形成への地権者協働は感じられません。

小林　二〇数年前に伊藤先生が中心になって「丸の内新生」というプランを、私も関わってつくったじゃないですか。

小林重敬

恵良　ええ、ありました。

小林　その中に私はエリアマネジメントの考えを入れています。その時代からそういう思想はあったと思うのです。

恵良　昭和四〇年代に、仲通りの樹木管理のための美化協会が組織されました。そういう流れはあります。防火、防災活動などの町内会的な活動です。丸の内エリアでこうした種を育てる時期を迎えていました。

小林　具体的にこの土地のここにつくるというプランではなくて、この通りをこういうイメージでつくるというプランはつくりました。

恵良　丸の内再構築の計画づくりは、「丸の内の新生」を下敷きにしています。都市計画の専門家の方々がまとめられたものを三菱地所が理解し、地権者の方々と共有して街づくりの方向性を見出していく。

浜野　もう一度横浜の話に戻しますと。

金田　国吉さんも知っていてやられていたかと思うのですが、公民協働ということは言っていなかったけれども、都市デザイン室でやってきたそれぞれのところで実際は管理も入っているのです。元町などを見たら。事実上管理があって、かなり長期的にやれる主体というものをつくって、それで一緒にやってきているのです。たまたま〈みなとみらい〉のほうは管理がなくていろいろな場面があって、都市デザインのほうだけに脚光があたって、もともと都市デザイン室では管理とセットでやってきているのです。

国吉　我々はやはり街づくり部隊、ハード部隊なわけです。地区計画など建築のいろいろな制度を見ると、マネジメントとか、運営とか、そういうものは全然入れられないのです。景観法でも姿しかつくらないとか。道路の維持管理とか、どこに物を置いたり、看板を置いてはだめだとか、そういう維持管理、運営管理ぐらいまでは我々も踏み込んでいたわけですけれども、そこをどうやって運営して楽しい街にしていくかという組織論みたいな話につながるところまで、都市計画部隊がなかなか踏み込めない状況はあったのです。それでもできるだけハード面だけはマネジメントできるようにしていこうかという感じだったと思うのです。

浜野　そのハードをやる中で、きれいになって、あとはちゃんと維持しようとかというマネジメントは、それはそれで地元の人に引き継がれていったのでしょうか。

国吉　地元の委員会にときどき顔を出すなど、つくったあともお付合いしていく。その当時の横浜、日本の街というのは全部行政に頼ってくるわけじゃないですか。ですから地元の皆さんが主体ですよと常に言い続けないといけない。

〈みなとみらい〉の都市管理

恵良　〈みなとみらい〉での都市管理の議論で気になっていたのは、道路の管理水準でした。月に何度かの清掃といったこともありますが、民間からの庭先管理的な活動で歩道をきれいにしたり花を植えたりするようなスケールをはるかに超えた空間スケールのことでした。駐車場も大規模なものが多く生まれるので、駐車場案内システムの議論もずいぶん時間をかけた記憶があります。大スケールの都市空間の街の性格に合った適正規模の案内をシステム的に考える必要を感じていました。街全体で共有できるものとして、ランドマークタワーとクイーンズスクエアの間の多目的広場の管理と防災面の公民連携の取り方も議論したのを思い出します。

ルールがあってマネジメントがある

国吉　規制誘導という意味ではなく、コンセプトやルールをまずつくっておかないと次のマネジメントに進まない。何もないところでマネジメントはできない。だから、ベースはこういう考え方ですよというものがきちんとあって、みんな合意しているから、それを軸にどのようにうまく運営していくか、実際の使い方をどうするか考える。

小林　これからエリアマネジメントを法制度としてどう組み込むかという議論の中に、ソフト・ローという考え方があるのです。従来の都市をつくるには、これをやってはいけない、こうやるとだめだというハード・ローの世界でものをつくってきた。だけど、皆さんでこういう方向にいったらどうかというシステムをつくる、そういうルールをつくる、ガイドラインをつくる、それをいかにエリアマネジメント、都市マネジメントの手法として都市計画法に組み入れられるかというのが極めて重要で、今までの法律の考え方とは違う法律を都市計画法の中に入れないと、マネジメントの考え方にならないのです。これはやってはいけないという世界だけでは、その地域を一〇年、二〇年先、こういう方向に持っていこうという合意を実現することはできない。

もう少し言ってしまうと、先ほど金田さんがざくっとした〈MM21〉のプランを書いて、これは都市計画法に位置付けられたマスタープランではありませんと言ったけれども、逆にそれを今後、都市計画法のマスタープランとして位置付けなければいけない。皆さん民間がこういう街をつくりたいというプランをこのエリアでつくったら、それを都市計画で位置付けてやって、強制力はないけど皆さんの合意はこういうところに現れていますということを行政が認知してあげる。実は今、新宿区のマスタープランに、新宿西口の新都心の新しいプランを位置付けようかという議論があって、あるエリアで民間がつくったプランを新宿のマスタープラン、地区別プランに位置付ける。そういう議論をやっているときに、〈MM21〉というのはこれからの街づくりにとって極めて重要なポイントと言うか、ツールをいろいろ提供しているのです。

金田　マネジメントに関して言いますと、法の中で誰がそれをやるかという、主体という議論がきちんとなされると思うのですが、マネジメントで大事なことは、さっき言ったルールがある。ルールがあって何をやるのかという問題意識があるのと、それをやる主体が長期間存続していることが大事なのです。そのマネジメントの主体というのは、多分その地域の状況だとか歴史的経緯で相当変わると思うのです。行政がやるところもあるし、

中尾 明

ほとんど民間がやっているところもあるし、いろいろなレベルがあるので、その主体の形態にあまりこだわるより、とにかくそこにルールがあって、何をやるかという目標があって、目標とルールは一体のものですけれども、それと長期間存続する主体があるということが非常に大事だと思うのです。それがなくなるとマネジメントができなくなるので、長期間存続する主体をどうやって制度の中に多様に組み込むかということかなと思うのです。

ガイドラインの承継と協議

小林　そのとき重要な都市計画のツールとしては、一つは承継というツールがあります。あるガイドラインをつくったら、それを権利者が変わっても承継していかなければいけないという、承継という議論を法制度の中に入れるということです。さらに協議という考えが重要です。要するに一律に決めるのではなくて、そこに関わる方々が協議して、場合によっては協議の結果としてここを組み変えるということも可能な仕組みにする。承継と協議という議論がおそらくこれからの都市計画の仕組みを考える上では重要になると考えます。

中尾　公民協働ですが、公としての横浜市にとっての民との協働のほかにその他の公的主体もいるわけですね。〈MM〉が動いた時点で、それぞれに関係した主体が、自らのニーズをうまく反映できるような関係にあったと思います。まさに「時の利」「地の利」。横浜市にとってこの場所を動かすことは非常に大きな意味がある。関与してきた国も、新たな制度的な実践の場でもあって、公は公の立場で自らの存在価値を見出した。民の立場で重工・地所はこの土地を最大限活用したいと、それぞれの思いがあって、それがうまく合致したと思うのです。あえて公民協働という話ではなくて、〈MM〉の場合は出発点として公民の思惑がうまく合致したという感じがするのです。

金田　そうです。それぞれの人が自分のやりたいことをやれる、一つの舞台として提供できたと。あと、なぜ舞台があったかと言うと、それ以前にいろいろな議論ができてかみ合っているから初めてできた話なのですね。

〈YMM〉は公民の議論のプラットフォーム

恵良　地所から見ると〈YMM〉の存在は、公民が同じ目線で議論できるプラットホームであり、そのテーブルでの議論が可能だったことで開発協議も進み、社内での合意形成も進めやすかったと思います。丸の内再構築を進める際には、地元地権者の集まる街づくり協議会と東京都、千代田区、JR東日本の四者で構成される街づくり懇談会の存在が大きな役割を果たしました。懇談会での議論を各セクターが持ち帰り、可能なことを共有していく考え方です。行政での制度論、民間の適切な役割の議論などもあります。やはり〈YMM〉の存在とそこでの議論は、私にとっての勉強の場となったようです。

小林　たとえば大阪駅周辺地区とか、名古屋駅前地区とか、みんなそういう舞台をつくってやっているのです。それはある意味、〈MM〉が先鞭をつけたものです。

金田　(八十島委員会の) マスタープランは、あれはつくる過程がプラットホームだったのです。官官のプラットホームだったわけです。あれがプラットホームとして機能していたから、そこで土地利用制度や事業方式を議論できたわけです。そのために水際線を変えたりいろいろなことがあるわけですね。いろいろなことがあったのだけれども、区画整理も同じですよね。

浜野　公民協働、マネジメントの話が深まってきましたが、冒頭に小林先生からあったように、横浜市のリーダーシップというのは、そうは言っても今後も必要なのではないかというお話。それで、もっと民間主導のマネジメントという話も、目指すところとしてはあると。

〈みなとみらい〉のマネジメントに対する今後の横浜市の関与はどうあるべきか

小林　もっと正確に言うと、こういうことです。去年一〇月、アメリカのBID※を視察に行ったのです。ところが、日本ではBIDが盛んに紹介されていて、特にニューヨークのBIDが盛んに宣伝されているのですが、BIDのみで都市再生、街中再生をやっているのはニューヨークだけなのです。シカゴをはじめとしてほかの都市は、まずTIFがあって、その上にBIDがある。TIFというのは、公共側が、これを開発すると将来的に公共側に固定資産税がこれだけ上がるから、それを五〇年とかいうスパンで考えて、そのお金を債券として発行して民間に買ってもらって、そのお金で基本的な基盤整備とか、新しい時代に合った街路拡張とかをやる。あるいは街路だけではなくて、たとえば歩行者空間の整備とか、広場整備とか、そういうことを地域でやるわけです。ここまでやったから、その先はそこに関わる民間がしっかり地区のマネジメントしてください。それによってマネジメントして地域が活性化すれば、当然市が期待していた税収が上がってくる。その税収で債権者に支払いをしてゆく。そういう関係なのです。だからある意味、横浜市がTIFとして、自分が可能性ある財源を使って基盤を整えて、その上を民間側がしっかりB

ＩＤをつくってマネジメントしてください、そういう関係がむしろアメリカでは一般的で、ほとんどがそういう事例なのです。それを考えると、単に民間があとはやればいいという話ではなくて、公共と民間がこれからも一体の関係を持って都市を再生していかないといけない中で、間違った考えが日本に根づいてきてしまったという気がして、民間にあとは任せておけばいいのだという話ではどうもなさそうだと考えます。

※ Business Improvement District：地域内の地権者に課される共同負担金を原資として、地域内の不動産価値を高めるために必要なサービス事業を行う組織。

都市デザイン

都市デザインの果たした役割

浜野　横浜の都市デザインは、最初は指導行政、規制誘導の手法で進められたと思います。ただ、地元の人たちと一緒に話し合ったりとか、のちのマネジメントのことも考えて一緒にデザインをしていくとか、そのような仕掛けをしてきたことが単なる指導行政ではないということなのですが。それまでの都市デザインの流れの中で、〈みなとみらい〉では、今までと異なるやり方で進めたという点があればお願いします。

国吉　まずは、都市デザインというのは指導行政ではないということなのです。僕らとしては創造だと思っているわけです。魅力的な街をつくるという。その中でいろいろなコンセプトも組み込んでいくと。ルールに沿って縛るのではなく、協議しながらコンセプトに沿ってお互い高めていくというやり方をしてきたのが一貫してあります。

そういったときに、やはり関内とそれぞれの地域の、〈みなとみらい〉との対比をどうつけるかというのをあらかじめ、関内をやるときに想定していたわけです。とにかく向こうは超高層になるだろうとか、モダンになるだろうとか。だからそういうものと、対比的にこちらの魅力が出るような工夫はどういうことかとか、歴史性として見せようとか、違いを見せたほうが絶対いいのだと、補完し合えると、そういうのは一貫してあったということと、共通して言えるのは、歩行者を大事にしていくのと、人間的な街にしていく。それ以上に〈みなとみらい〉でクイーンズのスカイラインをきちんとつくったり、関内の重厚さをつくってきたと思いますけど、これまでの新宿とか幕張とか、そういうところとは違う演出された空間づくりを進めました。それはやはり大高先生などのご指導もあって、大規模開発地としてよくやったと思います。

浜野　〈みなとみらい〉の事業化が始まる頃、すなわち街づくりのルールをつくる頃には、関内地区の都市デザインの実績が相当あったと思います。その実績を見ながら、それはいいなと思って、〈みなとみらい〉にまた別の意味でいい空間をつくりたいと思ってやった人も大勢いると思うのです。

中尾　都市デザイン的な視点で言うと、やはり関内が先行しているわけですね。実績をずいぶん積んできている中で〈みなとみらい〉は、新しくつくる街としてどうあればいいかという議論から出発していると思うのです。

かつて関内でやっていたような手法の延長線上で、たとえば歴史的なものを大切にしよう、赤レンガだとか、ドックだとか、そういう具体にあるものをぜひ保全していこうということは、一つの大きな要素にはなったし、水と緑は一般論としてもあったと思うのですが、やはり新しい街としての〈ＭＭ〉ならではのありようと、都市デザインがどう絡むかということの中で出てきていた大きな要素は、いくつかありました。一つはスカイライン。スカイラインというのは、一般の市街地でもうすでにでき上がってしまっているものを誘導しようとか調整しようというのはなかなか難しいけれども、この街だとある種のルールをつくると、それに向かってみんなで誘導できるのかもしれないということがありました。それがクイーン軸のあのスカイラインに実際結果として現れていると思います。もう一つはビスタ。何か大事なものに対して、主に歩行者の目線で見たときのビスタ。その一番典型的なものが汽車道からナビオスの門型の空間を通して赤レンガを見るというビスタの確保。ある意味ですごく特異なことですけれども、そこに大きな価値を見出して、それを誘導して都市デザインとして仕立てていこうというのが、〈MM〉ならではの一つの要素としてあったと思います。

浜野四郎

あとは、この街がやはり大きなブロックなので、どうしても空漠な空間になってしまうのではないかということに対する危惧から、なるべく足回りではきめの細かい空間をつくりたいということがありました。機能的にはアクティビティフロアという、足回りに機能を誘導しつつ、空間のつくり方としてはなるべくきめの細かく、街区の奥まったところにインナーモール的な広場を、なるべくそれが有機的につながるようにとれないかというようなことを目指して、環境設計制度の〈MM〉版というのをつくったのです。一般の市街地では道路を拡幅して広場をつくると空間の評価は高いのだけれど、むしろ奥まったところに賑わいの機能と一体として広場をつくると評価を高くして、容積ボーナスに跳ね返るようにし、あるいは、機能としてそのアクティビティフロアと呼んでいるようなものを導入すれば、また容積を上げようとか、〈MM〉としてあってほしい空間を実現しやすいようなルールというのを、環境設計制度の〈MM〉版と呼んで、議論を随分しました。それが一つのルールとして、この街の主に足回り空間を誘導していくツールになったと思うのです。

公共空間の使われ方

恵良　美術館前の公園のことを思い出します。パリのポンピドーセンター前の広場の都市的な活気のある空間の議論だったと思います。また、現在はドックヤードガーデンとなっている旧横浜船渠第2号ドックの保存と活用の議論を都市デザイン室と進めたときに、都市のオープンスペースの意味や役割を相当議論しました。丸の内再構築では、非建蔽空間のつながりに注目して都市空間のデザインを進めました。そこでの主役は人間の活動で、店舗ファサードや緑、ストリートファニチャーをトータルにデザインする姿勢です。西新宿の方に意見を聞かれたときに、非建蔽空間の一番多い場所かもしれませんねと答えて同様の話をしました。また、三菱一号館美術館の中庭を計画したときは、石張りの広場でなく緑豊かな憩いの場にするための合意形成にずいぶんと時間をかけた記憶があります。また、オープンスペースの非日常の可能性も大切です。行幸通り改造の街開きで歌舞伎（春興鏡獅子）をイベント開催したり、丸の内仲通りを使って陸上競技（棒高跳び、ハードル）を行ったり、道路空間を活用させていただきました。オープンスペースは街づくりでの可能性を広げてくれます。公園や広場の少ない丸の内では、道路の使い方には街づくりでの可能性や付加価値を持っていると思います。

小林　その話は結構大きくて、やっと最近道路をもっといろいろなかたちで活用できるような動きが、規制緩和でできるようになった。次は公園ですよね。公園は道路より固くてなかなか使えない。公園をどう使うかという議論に展開してきたのが、一つはそういうマネジメントの考え方で、公共空間をどのように使えるか。ハードルはまだまだ高いのですけど、動き始めてはいますね。

国吉　丸の内でいい成果をつくられているのだけれども、実はそれは委ねられる、公共が委ねてもいいという安心感がある主体ができてきたからなのです。おそらくまだ〈みなとみらい〉はそこまでいっていないのです。つまりビルの所有者、代表者がまだ見えないような、全体の組織として街づくり協議会では参加しているけれども、みんなで一緒にこの街をこうしましょうという、その人たちが主体となったところまではまだいっていないのです。一緒に何か連携できるところまではいっているけどね。そこがそろそろ熟してきたら、もう行政は預けるというふうにしていけばいい。つまり元町商店街とか、ああいうところはもう任せられると思っているから任せているわけです。そういう安心感があるところにだんだん育ってきているのではないかなと。そうしたら、グランモールも今、改修工事をやっているから、次の時代はそういうふうにやっていけばいいと思います。

公共施設デザイン調整会議

国吉　〈MM〉には大学教授などの専門家がメンバーとなって、公共施設整備の調整会議という道路や橋梁、公園などの公共施設のデザイン調整の場ができています。先ほど継承というのがありました。過去に区画整理事業の一環でURから特異な道路のデザインが出てきて、それを調整するのが大変だった。つまり、ときどき担当の方が、自分のときにこういうことをやってみたいとか言って提案してくるのです。そういう調整をいかに継続させるかというのが結構大変ですね。デザインのめり張りというか、継続して守っていくところとそれぞれの個性を出すところ、それの組み合わせが重要です。それはやはり〈みなとみらい〉全体としては、わりとバランスよくいけているほうではないかなと思いますけどね。

あと、柔軟性ですよね。柔軟性みたいなものも、最近もう芽生えてきているわけですよね。あまり固くやるのではなくて少し、たとえば新しくできた商業施設なども、色彩をもっと豊かにしようとか、そういうベーシックでできたものは非常に固かったのですけれども、もうちょっと豊かにするために少し変えていこうみたいな話というのは相当出てきていますよね。そういうのはいいじゃないかなと思います。

都市デザインの継続性

浜野 さて、その承継という話にもう一回戻ると、都市デザイン室で活躍されてきた国吉さんは今も第一線でやられているわけですけれども、ずばり、誰にどうつないでいくかが気になるのです。協議の場というのがきちんとあってやっていくということで、ある程度はカバーできるかもしれないけれども、質の高いものをやっていく上では、どうしたらいいのですか。

国吉 それは〈みなとみらい〉のプロセスの中では、いろいろな活動部隊がオーバーラップしながら議論していたわけです。実はデザイン室もいろいろなところと協働しながら、勉強させてもらいながらやっているわけです。だから、僕もいろいろなところに重なりながら、民間だとこれができるなとか、そういうところの読みができるわけです。そういった協働でやる場というのがたくさんあったというのが非常にあって、それで育ててもらったみたいなところがあります。そういう、幅広く民間と活動するような部隊をつくる状況を横浜市が今持っているかということが問題です。個人の問題ではなくて、協働しながら学んでいく場が我々をつくってきたというところがあります。

システム的信頼関係

小林　それは極めて重要で、エリアマネジメントというのはある意味で、信頼というのが一つの重要な言葉で、こういう信頼関係があって街づくりが継続していく。そのときに、信頼というのは、人的信頼関係とシステム的信頼関係というのがあるのです。人的信頼関係というのは継続性がないのです。おっしゃるように、国吉さんがつくったシステムを継続していくようなシステムになっていないと次につながっていかない。システム的信頼関係をいかにつくっていくかというのが重要です。

浜野　〈みなとみらい〉で言えば、公共施設デザイン調整会議とか、もちろん〈ＹＭＭ〉の中の協議のテーブルとか、いろいろなシステムはあったわけです。それがうまく機能するかどうかというところには、やはりそこに関わっている人の意識の問題も問われる。

国吉　ただ、もう一つ、仕組みをつくるためには、高い目標をつくって、それを皆で共有化しました。共通の目標をつくるときに、組織の壁をあまり言わないでやらざるを得ないという状況をつくっていきました。そういう高みの目標をどうやってつくれるかというのが、また大事かもしれません。

恵良　仕組みと地権者との関係を考えるときに、一つの街区しか持っていない地権者と複数の街区を保有する地権者の判断には違いがあります。短期的な解決を求めるか、中長期のビジョンを重視するかといったものです。そうすると、やはり行政のリーダーシップのもとでの民間の理解が大切なのかもしれません。そこで生まれた仕組みを地権者の交代や時間の流れの中で承継していくためにも議論のテーブルが必要でしょう。

また、仕組みづくりのために、今は様々な実験が可能になってきました。その中には暫定土地利用も含められるかもしれません。制度や仕組み、新しい価値観の導入などの公民協働での取組みを行政のリーダーシップで進めるのがよいと思います。

小林 ある意味、社会実験ですよね。いろいろなところで新しい都市づくりの動きを社会実験として始めていまして、社会実験で都市づくりの新しい試みをやり、それが一定の成果をおさめて次の本格実施につながっていくような、その仕組みは結構おもしろい仕組みだと思いますね。〈ＭＭ〉の時代にはまだ社会実験という言葉はなかったですね。

国吉 これからはハード面だけのデザインではだめだということはみんなわかっていますから、そこを運営する人たちを登場させるような仕組みというのを提案する人がどんどんふえてきており、そういう場をつくる活動は結構やり始めています。つい最近も、民間ビルのピロティーを使って市庁舎周辺を考える屋外の会議をやるとか、今度は市役所の屋上を会議場にして、デベロッパーの方が出てきたりしていろいろな議論をするとか、そのような場づくりをしています。エリアマネジメントとか、新たに仕組みをつくっていく主体がまだ育っていないわけです。そういう人たちが手を挙げ始めているから、それを育てるような場づくりを進めるのもおもしろい方向かなと思います。そういう活動をサポートしていくことはデザイン室もやっていますから。

恵良　そうした場面で、ついつい一つの価値観でまとめたり、ある主体が中心のツリー構造の仕組みを志向したりせずリゾーム的な動きも大切と思います。しかし、テーマによっては誰もが参加できにくいものもありますね。あるエリアの中には様々な得意技を持つ人たちが集まりますから、リーダー役が変わってもよいと思います。参加型で柔らかな仕組みが大切と思います。特に、芸術分野は多様性への寛容さがいるのでしょう。

浜野　都市デザイン室が関内地区で始めた都市デザインの実験というのが徐々に〈みなとみらい〉にも波及し、また〈みなとみらい〉で同じ価値観を持ったコンサルタント、あるいは民間デベロッパーへと広がっていく。いろいろな価値観があって、テーマがあって、やったらいいいんじゃないかと。それが都市デザインの次の展開みたいなことにもなるということなのでしょうか。

国吉　小林先生がニューヨークのお話をされましたけれども、それに預けられるような状況をつくらなければだめなのですよね。だから、手はいくつもあるわけです。だけど、既存の枠組みでそういう人たちを束ねてはだめで、もう少しファンドを集めてでも会社をつくってもらってそれに任せるとか、そういう仕組みが大事だと思うのです。でも、〈みなとみらい〉は〈一般社団法人横浜みなとみらい21〉があり、すでにそういうことができる状況にあるわけで、既存の街でもそうやるには既存の地権者だけではだめで、新たな勢力の人がどうやって入って、それをスタートして行政として許容するようなことも大事ですね。

浜野　やはりピラミッド型の組織とか関係ではなくて、横に広がるネットワーク型の関係が次の街づくりに必要ですね。

国吉　使い方を中心とした空間づくりです。

海外への発信

今後の〈みなとみらい〉の街づくりと海外への発信

浜野　先ほどのお話の中に、〈MM〉スタイルという言葉がありました。当時シドニーのオペラハウスとかパリのポンピドゥー・センターなどいろいろな世界の事例をイメージしながら、〈MM〉でも同じようなものをつくってみたいという思いでデザインをやってきました。しかし〈みなとみらい〉でできたものは、物まねではない独自性のあるものという評価をいただいていると思っています。世界へ発信していくときは、どこかのコピーではだめで、東南アジアではコピーが非常に多いのではないかというお話も聞きます。今後、世界に向けてどういう点がアピールポイントになっていくのかという点についてはいかがでしょうか。

国吉　私は最近、マレーシアとか、韓国でも仕事を手伝わせてもらっているのですが、助言をくださいと言われて行っているのですけれども、〈みなとみらい〉と言うか、横浜の街を見たときに、空間のめり張りがあって、街を人が楽しく歩いて回っていると言われます。それはやはり成功として見ていて必ずしも開発一本やりではない。そのモデルを見たい、それは誰が運営しているかと。参加型の動きもたくさんありますが、勉強材料はたくさんあるのです。横浜がアジアの中の都市として、わりと身近な存在としてやっているということで、親近感を持たれているところはあると思います。完璧にピカピカにしたシンガポールみたいなところもあるのですが、そういうのは参考にならないようで、両面を持っているがゆえに横浜はおもしろいと受け止められています。多様性を持っているということで価値観も多様化していて、まだ変わっていくところもあるということで、刺激を与えているのかなという感じはあります。

浜野　シンガポールは環境に配慮した取組みとか、よく注目されていますが、〈みなとみらい〉は環境未来都市として温暖化対策、エネルギー、防災とか環境といったテーマをもっともっとシンガポール以上に追求していかないと、あるいは丸の内以上にチャレンジしていかないといけないという危機感があります。

国吉　また健康とかの要素も、〈みなとみらい〉は持っていますよね。それは空間的にも環境とセットなのですけれど、高齢者の人たちが高齢化時代にどうやって楽しく住めるかという感じでも、仕組みは整いつつあるのかなと思います。

都市型文化の発信

中尾　〈みなとみらい〉のある種の魅力は、この場所が位置している立地条件がすごく大きいなと思います。真ん中にあれだけの大きな水域を囲んで、かつ、背後には横浜という都市の巨大な集積を、そのちょうど中心にこの土地があって、それがたまたま再開発のエリアであって、そこに新しい都心をつくったという、まさしく地の利を得た場所というのが一番大きな空間的魅力だと思うのです。それではその場を今後これからどうするかということになると思うのです。それはマネジメントの問題に関わってくるのだと思うのですが、ここに今、集積しつつある施設、あるいは人の集積とかの中で、いかなる都市産業を生み出していけるかということと、いかなる都市文化を生み出していけるかということが重要になると思います。すごくソフトな話ですが、そこをどうやってこれから育成していくかが課題です。その中でここがそれなりの世界を引きつける魅力を発信するためには、新しい都市型の産業と都市型の文化を生み出せるか、〈ＭＭ〉も始まって三〇何年たって、徐々に熟成しつつあると思うのですけれども、これからますます熟成の時代に入っていく中で、その都市の熟成の中でいかに文化を生み出せるかということだろうと思います。そういう場として、でき上がったものを徐々にリノベーションしていくということもあり得るでしょうし、大きく変えるのは難しいと思うのですが、その中で中身としてどのようにそれを育てられるかということにかかっているのだと思うのです。

恵良　中国の大学で街づくりの講義をサポートしたことがあるのですが、そのときに会った建築や都市計画の先生やデベロッパーの方々から、「都市開発のプログラムを知りたい」と言われました。今までのような欧米のデザインを参考にしたプランではコンペは勝ち抜けない。デザインとプログラムをセットで提案する必要を感じるので、デベロッパーから〈みなとみらい〉や丸の内の話を聞きたいという要望です。ビジョンの設定、具体化の方法論、具体的なプランニング、そして街づくりのプロセスのマネジメントとエリアマネジメントへの関心でした。また、北京、南京、そしてマニラでは、歴史的建造物の保存活用の方法への関心も高かったと感じました。

エリアＭＩＣＥ

小林　今の話、私は〈ＭＭ21〉の最大の強みは、パシフィコを持って国際会議の拠点として、日本のどこの都市にも負けない機能を持っていることと考えております。最近〈ＭＭ21〉の公募に応じる企業が点々として出てきている。今回も応募者の提案の中に、多くの提案に「パシフィコと一緒になってＭＩＣＥ機能を担います」と書いてあるのです。私はこれからのことを考えると〈MM21〉はMICE機能が重要だと思います。せっかくパシフィコがあってクイーンズモールがあるのだから、単なるMICEということをオールインワン型の、すなわちパシフィコだけの考えだけではなくて、〈MM21〉全体を考えた、私は「エリアMICE」と最近言っているのですけれど、あるいは付加して、エリアでMICEを担うという空間に、〈MM21〉を積極的につくり直して、世界に売り出すべきだと思っているのです。その「エリアMICE」の中に文化とか新しい産業とか、そういうものをテーマにしたいろいろな会議がそこで展開できるはずで、それに呼応して、場合によっては関内地区にそういうきっかけで新しい人たちが入ってくる。そういうことが可能になるはずだと思っているのです。パシフィコという貴重な空間、クイーンズモールという貴重な空間、〈MM21〉という全体の貴重な空間を使い切ると、世界的なMICE空間、シンガポールよりもずっといいMICE空間になる。それをもっと売り出すべきだと思います。「エリアMICE」です。パシフィコを売り出すだけではなくて、全体として「エリアMICE」を考える。丸の内が今、仲通りを中心にして「エリアMICE」を売り出そうとして、彼らは「エリアMICE」とは言っていない、都心型MICEと言っているのですが、あれは「エリアMICE」です。

恵良　先日、創造都市の関係でBank ARTの話をしていたときに、時代の中でとんがった施設なのだから、その活動を一般市民の理解を得ること以上に、横浜市の文化外交の資源だと見ることも意味があるのではと言いました。海外からの評価の高さを生かして、そんな側面を市民に伝えることも創造都市の意味を理解してもらう方法のような気がしたからです。

小林　ＭＩＣＥのユニークヴェニューとして使えばいいのですよね。

恵良　そうだと思います。

浜野　最後にお一人ずつ、コメントをお願いします。

次の世代に何を残すかという姿勢

恵良　〈みなとみらい〉というプロジェクトの出口は何かを考えることが大切だと思います。当初の予定と違う芽も出ているでしょう。これまで、〈みなとみらい〉から何が生まれたのかを整理することです。都市計画の専門的な視点は意外と視野が狭く短期的であるのかもしれません。次の世代に〈みなとみらい〉はどんな可能性を残したのか。将来の人口ピラミッドをイメージすると、横浜での暮らし方、働き方は変わるでしょうし、場所のつくり方も変わるでしょう。次の世代の人に何を残したのか、それは社会状況を予測して都市の未来を予定するよりもおもしろいのかなと最近特に思っています。

都市の文化

中尾　〈みなとみらい〉が始まってから二〇五〇年までのちょうど今、真ん中ぐらいですね。ある意味で一つの転換点だととらえることができると思うのです。そうすると、これまで実現してきたある種の集積なり価値と、これから三五年ぐらいかけて二〇五〇年に向けてこの街がどうなっていくかというときの価値というのは、おのずと変わっていくのではないか。街がそれなりに成熟してくるという時期に入ってくると、成熟した都市として、横浜の都心として、ここで何を生み出してほしいかという視点でいろいろなことを考えるということが、やはり求められるのだろうなと思うのです。それが基本的には都市文化だなと僕は思うのですけど、具体に何かと言うのはなかなか難しいですが、そういうほうに向けてこれからのいろいろな政策のシフトをしていったらいいのではないかなと思っています。

新しい価値を入れていく

国吉　〈みなとみらい〉はマネジメントして、今後もまた充実していく必要がありますし、次の時代への芽を常に持っている街でありたいと思います。マネジメントするときに、近い目標だけを持つのではなくて、次の新しい価値を入れていくものがほしいと。横浜というのは〈みなとみらい〉だけではなくて、内港部を含めたつくり方の課題があって、それは一緒に考えていかなければだめで、それがまだきちんとできていない。〈みなとみらい〉にはそういう役割があるということを意識して、新しい価値を見せ続け、都市が長く生き続ける、そういう仕組みを内包するマネジメントをしていくことが求められています。

環境、防災・減災、文化、健康がテーマ

小林　ある程度の短期的な視野で言うと、エリアマネジメントは、今まではある意味で「内向きのエリアマネジメント」だったのです。この地域をどう活性化するかとか、そういうマネジメントをやってきたと思うのです。これからはもっと新しい社会動向に目を開いた「外向きのエリアマネジメント」が必要です。その一つが環境・エネルギーであったり、あるいは防災・減災であったり、新しい日本が突きつけられた課題にエリアマネジメントでどう対応するかというのが、一つ大きなテーマとしてあると考えます。

もう一つは、世界の大都市を見ると、議論の中でちょっと話しましたが、ロンドンは文化でこれからの都市を生き抜こうとしている。ニューヨークも金融の時代は終わり、これからは新しい産業、ＩＴ産業を中心としたものとか、あるいは健康とか福祉とか、そうい

う産業がこれからの都市の中心的な産業になると思っています。そういうことで、都市の中心的な機能をこれまでの金融から変えていこうとしている。その中で東京だけは時代遅れの国際金融拠点と言っているので、その利を生かして横浜は違うスタイル、先ほど出た文化とか、健康とか、そういうテーマをこれからの都市づくりのテーマにして、その舞台として〈ＭＭ21〉をどう活用していくかという議論を進めていく必要があると思います。

事業のつくり方の継承

金田　私も小林先生と同じ考え方なのですけれども、当時〈みなとみらい〉の事業を起動させるときからずっと関わっている人の視点で見ると、たまたま中尾さんの論ではそこにいい条件があったというふうに事後的には書けるわけですけれども、多分それは事業が成功したからそうなるのであって、そのときは必ずしもいい条件かどうかはわからないと思うのです。それがいい条件であるかどうかというのはものの見方一つであって、そのときの社会背景、時代の流れと組み合わせ、それをマネジメントしてどうやって事業というものをつくっていくかという、その事業のつくり方をぜひ皆さんに伝えていくのがそうだと思うのです。その対象が何であるかというのは、その人の問題意識によって変わってくると思うのですけれども、多分大高先生にしたって、自分がやりたかったものが思う存分そこに設定されたと思うのです。その前のプロジェクトでできなかったもの、そこでやりたいことを、その場所を利用して、時を利用して、どうやっていくのか、そういうもののとらえ方というのはぜひ継承していきたいと思います。

浜野　今日はオブザーバーということでしたが、編集者としてこれまでの話はいかがでしたか。

編集　横浜市は日本の都市デザインにおいて、やはり常に一歩リードしてきたところだと思います。横浜が都市としてすばらしいことは、一般の人たちも感覚的には理解しているけれど、では他都市と何がどう違うのかと言うと、それはあまり言葉にできない。でも今日の皆さんのお話から、その辺のことがずいぶん明らかになったような気がします。

横浜の強みは、港湾都市としての立地がよい、都市としてのスケールがよい、歴史があり文化遺産がある、さらに突出しているのが人材です。長きにわたり多くの人たちが関わり、継承すべきものは引き継ぎながらも、大胆な発想のもと新たなチャレンジをし、常に新陳代謝が行われた。そこに通底するのが脈々と続く人材システムです。同じ理念のもと、多くの人たちが根気強く続ける意思を持っている。

最近、ソーシャルデザインという言葉をよく耳にします。またその活動が注目されています。トップの一人がプロジェクトを動かすのではなく、多くの人たちが関わりながら社会性を持ってプロジェクトを進めてゆく。かつては、建築家や都市プランナーたちが全体をまとめてマスタープランをつくり、それを下におろしてゆくというやり方がありましたが、今はそれが全く崩れてしまいました。違う分野の人たちも入りながら動かすというやり方、それが一般の人たちの目にも見えてきているのではないかと思います。

お話にも出てきたように、横浜は人材システムで他都市をリードしてきました。今後、各地の都市デザインがいかに実践され都市間の競争に勝ち抜いていけるかは、新たに都市を刺激し続ける人たちがどれだけその地域に出現するかにもかかっているような気がしました。

平成二八年三月一一日(金)　於：横浜市住宅供給公社会議室

参考文献

Ⅱ－一

- マルク・レビンソン著、村井章子訳『コンテナ物語――世界を変えたのは「箱」の発想だった』、日経ＢＰ社、二〇〇七年一月
- http://hdl.handle.net/10114/8661：石神隆『イギリスの都心部水辺再生――都市の経営戦略をさぐる』、法政大学人間環境学会、二〇一三年一二月
- http://www.clair.or.jp/j/forum/c_report/pdf/002：㈶自治体国際化協会『ロンドン・ドックランドの開発と行政』、一九九〇年一月四日
- 川北稔『イギリス繁栄のあとさき』、講談社学術文庫、二〇一四年三月
- 剣持一巳『イギリス産業革命史の旅』、日本評論社、一九九三年五月
- アメリカ商務省著、日本開発銀行都市開発研究グループ訳編『ウォーターフロント再開発――都市再生の新潮流とアメリカの再開発手法』、理工図書、一九八七年一〇月
- 窪田陽一『都市再生のパラダイム――J・W・ラウスの軌跡』、PARCO出版局、一九八八年一二月
- 近藤健雄『環境創造をめざす21世紀の海洋開発』、清文社、一九九四年三月一〇日
- 西田敬『ボルチモアのＬＲＴと都市再生――インナーハーバーの光と影』、鉄道ピクトリアル一〇、二〇〇六年一〇月
- http://www.worldpropertyjournal.com/europe-commercial-news/hafencity-：Cathy Hawker, "EU's Largest Regeneration Project Hits Milestone", Commercial News. Europe Commercial News Edition, October 31, 2013
- http://www.ibs.or.jp/sites/default/files/4_info/s2011：村木美貴『リバプール都市再生の歩み』、IBS Annual Report、研究活動報告二〇一一
- http://netlipse.eu/media/40217/nwm：Hamburg Port Authority SYMBIOS "Port projects and urban regeneration in Europe using innovative PPP schemes", 22nd November 2011
- ㈶港湾空間高度化環境研究センター『北ヨーロッパの港町文化海外調査報告書』、二〇〇五年九月
- http://www.lij.jp/html/jli/jli_2011/2011spring_p018.：小山陽一郎『全国総合開発計画とは何であったのか』、土地総合研究、二〇一一年春号
- 平松成美、近藤健雄、山本和清『ウォーターフロント都市の現状調査――ポートルネッサンス21計画を実施した港湾を対象として』、二〇一三年度日本大学理工学部学術講演会論文集

Ⅱ－二

- 1)：都市環境学教材編集委員会編『都市環境学』、森北出版、二〇〇三年五月
- 2)：みなとみらい21『横浜みなとみらい21――創造実験都市』、二〇〇二年三月
- 3)：一般社団法人都市環境エネルギー協会『地域冷暖房技術手引書』、改訂第四版、二〇一三年一一月
- 4)：尾島俊雄「特集1：シンポジウム特集、21世紀の地域冷暖房のビジョン」『地域冷暖房』41号、社団法人地域冷暖房協会、一九九四年一二月
- 5)：尾島俊雄監修・ＪＥＳプロジェクトルーム編『日本のインフラストラクチャー』、日刊工業新聞社、一九八三年一月
- 6)：加藤孝明、渡邊仁、小島知典「防災拠点機能ビルの評価手法に関する研究――業務地区における総合的な災害対応力の強化を目指して」『日本建築学会計画系論文集』第七九巻第六九六号、p.p451-459、二〇一四年二月
- 7)：首相官邸ホームページ「都市再生安全確保計画制度等の概要」（二〇一六年二月一三日閲覧）
http://www.kantei.go.jp/jp/singi/tiiki/toshisaisei/yuushikisya/anzenkakuho/pdf/seido_gaiyou.pdf
- 8)：国土交通省ホームページ「報道・広報、『都市再生特別措置法等の一部を改正する法律案』を閣議決定」（二〇一六年二月一三日閲覧）
http://www.mlit.go.jp/report/press/toshi05_hh_000144.html:
- 9)：一般社団法人都市環境エネルギー協会『欧州の自立型・低炭素都市づくりを支えるスマートエネルギーネットワーク先進事例調査視察報告書』、二〇一三年一一月一〇日～一六日
- 10)：広域災害時における安全街区とその評価研究会「声明 東京の安全性に関する声明――安全街区の構築の推進」、二〇〇九年二月
- 11)：横浜市ホームページ「みなとみらい 2050 プロジェクトアクションプラン」（二〇一六年三月二一日閲覧）
http://www.city.yokohama.lg.jp/ondan/futurecity/mm2050pjplan/mmgaiyouban.pdf

Ⅱ－三

- 稲葉陽二『ソーシャル・キャピタル入門』、中公新書、二〇一一年
- ロバート・D・パットナム『ひとりでボウリングをする――アメリカにおけるソーシャル・キャピタルの減退』
- 石川博康『「信頼」に関する学際的研究の一動向』、中山信弘、藤田友敬『ソフト・ローの基礎理論』、有斐閣、二〇〇八年
- パットナム、柴内訳『孤独なボウリング――米国コミュニティの崩壊と再生』、柏書房、二〇〇六年
- 小林重敬「都市を〈つくる〉時代から〈育てる〉時代への移行と公民連携」『新都市』、二〇一三年五月
- 小林重敬「社会関係資本としてのエリアマネジメント」『ジュリスト』No.1429、二〇一一年九月

写真・図版クレジット

・一般社団法人横浜みなとみらい21
P.ⅴ（上）、ⅶ（下）、ⅷ、13、29、39、70（左）、77、83、85（中、下）、87、99、126、127、130、177、200（右）、202、203、204

・横浜市環境創造局
P.ⅳ（下）、ⅴ（下）、200（左）

・横浜市都市整備局
P.ⅰ、ⅳ（上）、30、31、35、40、43、52（右）、53（左上）、62、64、65、67、101

・㈱新居千秋都市建築設計
P.ⅵ（下）、ⅶ（上）、34、53（左下）、66、92、124

・中尾 明
P.ⅶ（上）、98

・浜野四郎
P.9、153

・右記以外で特記なきものは執筆者提供

執筆者プロフィール（敬称略：五十音順）

編集委員会委員兼執筆者

金田孝之（かねだ・たかゆき）

一九七〇年 京都大学大学院研究科土木修士課程修了 同年横浜市入庁。港湾局長、都市経営局長、横浜市副市長、みなと総合研究財団理事長など。現在、同財団顧問。

◉執筆担当 Ⅰ－二－一、二－二、コラム❶、四－一、四－二、四－四、コラム❹

国吉直行（くによし・なおゆき）

一九七一年 早稲田大学修士課程修了（建築）同年横浜市入庁。田村明のもとで都市デザインを開始。都市デザイン室長、エグゼクティブアーバンデザイナーなど。現在、横浜市立大学まちづくりコース特別契約教授。韓国光州市都市デザイン諮問官。

◉執筆担当 Ⅰ－四－二

中尾 明（なかお・あきら）

一九七一年 東京大学建築系大学院修了 大高建築設計事務所入所。大高事務所で〈みなとみらい〉の基本計画策定作業などに携わる。現在、都市設計研究所代表取締役。

◉執筆担当 Ⅰ－一、三、コラム❸

浜野四郎（はまの・しろう）

一九七九年 早稲田大学大学院理工学研究科修士課程修了 同年横浜市入庁。横浜市企画調整局で〈ＭＭ〉を担当、横浜市西区長、横浜市政策局長ほか。現在、横浜市住宅供給公社理事長。

◉執筆担当 Ⅰ－二－三

執筆者

恵良隆二（えら・りゅうじ）
一九七四年 東京大学農学部（緑地学）卒業 同年三菱地所㈱入社。土木部、企画部、横浜事業部副長（〈みなとみらい21〉の開発・運営に携わる）。都市開発部副長、街ブランド企画部長（丸の内ビルヂング建替等丸の内再構築に従事）。美術館室長（二〇一一年から美術館室常勤アドバイザー）として三菱一号館美術館の運営に従事。二〇一六年（公益財団法人）横浜市芸術文化振興財団常務理事。
◉執筆担当 Ⅰ-五

小林重敬（こばやし・しげのり）
一九七一年 東京大学大学院工学研究科博士課程都市工学専攻修了。横浜国立大学名誉教授、日本都市計画学会会長、東京都市大学都市生活学部教授など。現在、（一般財団法人）森記念財団理事長。
◉執筆担当 Ⅱ-三

近藤健雄（こんどう・たけお）
一九七〇年 日本大学理工学部建築工学科卒業。一九九五年 日本大学教授（理工学部海洋建築工学科）。現在、日本大学理工学部海洋建築工学科特任教授、みなと総合研究財団客員研究員。都市臨海部における水辺空間の調査研究など。
◉執筆担当 Ⅱ-一

佐土原 聡（さどはら・さとし）
一九八五年 早稲田大学大学院理工学研究科博士課程単位取得満期退学。横浜国立大学大学院環境情報研究院教授を経て、現在、同大学大学院都市イノベーション研究院教授。
◉執筆担当 Ⅱ-二

亀井忠夫（かめい・ただお）
一九七八年 ペンシルバニア大学大学院建築学科修士課程修了。一九八一年 早稲田大学大学院理工学研究科建築学専攻修士課程修了。同年 日建設計入社。一九九八年 BCS賞特別賞（クイーンズスクエア横浜）。二〇一五年 日建設計代表取締役社長。
◉執筆担当 Ⅰ-四、コラム❺

斉藤良展（さいとう・よしひろ）
一九七五年 横浜市立大学商学部卒業。同年 横浜市入庁都市計画局〈みなとみらい21〉推進部など。現在、〈一般社団法人横浜みなとみらい21〉専務理事。
◉執筆担当 Ⅰ-四-三

中島勝利（なかしま・かつとし）
一九八八年 鹿児島大学工学部建築学科卒業。一九九二年 佐世保市役所入庁 都市整備部、企画調整部を経て二〇一四年〜現在、企画部長。
◉執筆担当 Ⅰ-二、コラム❷

あとがき

〈ＭＭ〉のまちづくりをまとめた著作は多くはないが、いずれもまちづくりが大変困難な「調整作業」によって成し遂げられてきたこと、そしてその成果としての〈ＭＭ〉のまちが人々に感動を与え、人を魅了してやまないまちとなっていることを語っている。

〈ＭＭ〉の五〇年の歴史を振り返ると、まちづくりの波が何回か押し寄せている。まずは一九七八年（昭和五三）～一九八三年（昭和五八）のマスタープランを作り上げ、基盤整備などの事業化を進めたときである。まさにこの時期が後の〈ＭＭ〉の骨格を作り上げたといえる。またそれに続く波は、一九九七年（平成九）頃までのクイーン軸の開発（ランドマークタワー、パシフィコ横浜、国際会議場、クイーンモール）が進められたときである。民間開発が本格化し、ＪＲ桜木町駅から海へのクイーン軸が完成し、〈ＭＭ〉の象徴的な景観が出来上がったときである。そして第三の波はそれから一〇年後の二〇〇七年（平成一九）頃の横浜駅側からの開発（高島地区の開発）が進み始め、日産グローバル本社の誘致が始まった頃と言える。

本書では、まずこの第一の波（マスタープラン策定時）と第二の波（クイーン軸形成時）に焦点をあて、困難な「調整作業」をどのような背景のもとで進めてきたかをまとめた。加えて、〈ＭＭ〉のまちづくりに関わった民間デベロッパーや設計事務所、コンサルタント、学識経験者、他自治体職員の方々から、これまでの〈MM〉のまちづくりが他地区にどのように影響し、戦後の都市計画や港湾再開発の流れの中でどのような意味を持つかについて多角的にご指摘いただいた。さらに〈MM〉の今後のまちづくりについても具体的に提言していただいている。いずれも、まちづくりにおける自治体関係者のゆるぎない意志と、時代の変化へのしなやかな対応の必要性についてメッセージが込められている。

本書を通じて、まちづくりの大きな流れやダイナミズムといったものが伝われば幸いである。また、公民問わず、横浜をはじめ全国の自治体のまちづくりに関わる多くの方々の示唆になれば光栄である。

最後に本書の刊行にあたっては、辛抱強く資料整理・編集いただいた鹿島出版会の相川幸二氏、きれいに誌面レイアウトいただいた装丁デザインのマッチアンドカンパニーの諸氏、そして〈一般社団法人横浜みなとみらい21〉、みなと総合研究財団、㈱新居千秋都市建築設計、横浜市環境創造局、都市整備局、執筆者には写真・図版の提供をはじめとしてご支援いただいた。他にも多くの皆様のご協力を賜った。ここに改めて感謝の意を表したい。

二〇一七年新春　浜野四郎

情熱都市YMM21

まちづくりの美学と力学

発行……二〇一七年二月一五日　第一刷発行
編著者……情熱都市YMM21編集委員会
編集協力……一般財団法人みなと総合研究財団
発行者……坪内文生
発行所……鹿島出版会
〒一〇四-〇〇二八　東京都中央区八重洲二丁目五番一四号
電話　〇三-六二〇二-五二〇〇　振替　〇〇一六〇-二-一八〇八八三
ブックデザイン……マッチアンドカンパニー
印刷・製本……三美印刷

ISBN978-4-306-07332-6　C3052
Printed in Japan

本書の内容に関するご意見・ご感想は下記までお寄せください。
URL: http://www.kajima-publishing.co.jp　E-mail: info@kajima-publishing.co.jp